社区环保中的社会组织

——“公益1+1之绿缘计划”的行动研究

李真 / 主编

中国社会出版社
国家一级出版社 · 全国百佳图书出版单位

图书在版编目（CIP）数据

社区环保中的社会组织 ：“公益 1+1 之绿缘计划”的
行动研究／李真主编．-- 北京．-- 北京 ：中国社会出版社，
2024.1
ISBN 978-7-5087-7030-7

Ⅰ.①社… Ⅱ.①李… Ⅲ.①社区－环境保护－社会
组织管理－研究－中国 Ⅳ.①X321.2

中国国家版本馆 CIP 数据核字（2024）第 036266 号

出 版 人：程　伟
终 审 人：李新涛
责任编辑：余细香
策划编辑：余细香
责任校对：卢光花
封面设计：时　捷

出版发行：中国社会出版社
地　　址：北京市西城区二龙路甲 33 号
邮政编码：100032
编 辑 部：(010)58124839
网　　址：shcbs.mca.gov.cn
发 行 部：(010)58124845；58124848
经　　销：新华书店

印刷装订：中国电影出版社印刷厂
开　　本：170 mm×240 mm　1/16
印　　张：13
字　　数：200 千字
版　　次：2024 年 1 月第 1 版
印　　次：2024 年 1 月第 1 次印刷
定　　价：49.00 元

社工图书专营店

中国社会出版社
天猫旗舰店

中社文库微信公众号

编委会

建构公益生态的新实践（序一）

——“公益 1 +1 之绿缘计划”的创新

全面建设社会主义现代化是一个全国人民共同参与努力实现物质文明和精神文明协调发展的过程。人民生活质量的提高、社会文明程度的提高是中国式现代化实现程度的一个衡量指标；社会公益事业的发展，社会力量参与公益活动的状况，也表征着一个社会的文明程度。北京市协作者社会工作发展中心（以下简称“北京协作者”）在垃圾分类等领域参与促进公益活动的发展，将社会性公益资源与社会组织的服务更好地联系起来，取得了一些成果，在社会力量促进公益活动发展方面作了一些探索，也是资源生态创新的一种尝试，可以作一些总结分析。

一、政府购买社会组织服务与公益社会资源动员的意义

1. 政府购买社会组织服务的基本探索

党的二十大指出，要增进民生福祉，提高人民生活品质。引导、支持有意愿有能力的企业、社会组织和个人积极参与公益慈善事业。这一政策指向具有重要的现实意义。自政府购买社会组织服务的政策实施以来，各地政府在这方面作出了积极的探索，进行政策创新，也取得了明显的成绩。它部分地改变了公益型社会服务组织缺乏服务资源、服务能力较低等方面的社会组织发展初期存在的问题，社会组织也协助政府解决了一些政府无力顾及、只靠政府也可能做不好的公共服务方面的问题，进而社会组织也获得成长。政府购买社会组织服务的进一步完善和制度化，将有利于我国多样化民生需求的满足，促进城乡居民生活质量的提高，展现政府的公共责任，也能够激活社会力量参与社会建设。从资源生态的角度看，形成了以政府为中心的公益

生态结构。

2. 政府购买社会组织服务的资源困境与社会资源动员

政府购买社会组织服务促进民生改善是政府尽责的应然之举，但是，从当前我国的实际情况看，只靠政府购买服务来满足城乡居民多样化的需求，也存在着一些问题。第一，我国政府无力完全承担满足人民群众日益增长的基本生活需求的责任。虽然改革开放以来，我国的国力、政府的财力大大增强，但是我国还是发展中国家，公共服务方面的欠账也很多，某些公共服务难以有效顾及。第二，一些地方政府支持公益项目虽有财政列支，但是资金少、持续性弱。近几年来，由于经济下行，不少地方的财政开支紧缩，政府购买公共服务的支出大大缩减，以至于无力支持重要的公益项目，无力有效地实施政府购买社会组织服务。第三，由于多种原因，政府不能将有限的购买服务经费精准地进行配置，公益资源利用率及其效益欠佳。

在这种背景下，动员社会资源参与公益服务并做好服务就给社会组织主动作为、发挥作用提供了空间。各地在政府支持下进行的“公益创投”是公益服务领域的创新，取得了很好的效果。动员某些企业的公益资源参与公益服务也是一些社会组织的有效实践，在这方面也有多种做法，如政府面向国有企业和民营企业的动员，政府的社会动员，企业基金会直接从事公益活动，以及支持性社会组织链接资源方与服务方促进公益服务的开展，都是有益的探索。在政府政策的主导和引导下，以社会力量为主，去动员和使用好公益资源，也可能会建构一种新的公益生态结构，实现公益慈善领域的创新。

二、“公益1+1之绿缘计划”实施的意义

1.“公益1+1之绿缘计划”的做法

北京协作者从2020年6月起发起“公益1+1”资助行动，同年12月开展“公益1+1之绿缘计划——北京社会组织可持续社区环境建设赋能项目”。这里的第一个“1”指的是公益活动的资源提供方，第二个“1”指的是面向社区开展服务的社会组织，“+”指的是在政府支持下支持性社会工作机构链接资源提供方与开展服务的社会组织进行合作，可以看作是“资源链接”或

“搭桥服务”，也是多方赋能的行动。

为什么要进行“1 +1”？按照北京协作者的说法，双方都有做公益的意愿，但是在提供服务的人力资源、服务能力、公益资源等方面，信息未能共享。资源拥有者想做公益服务，但是人员不足、服务方向不甚明确、公益服务落地及其预期效果无法保证。对于面向社区开展服务的社会组织者来说，缺乏公益资源和服务方向上的指导，工作也极具困扰。作为支持性社会工作机构的北京协作者，了解上述情况，从中联系，实现了资源与服务的对接，并且在服务过程中，持续跟进，既使公益资源得到合理利用，产生公益效果，也通过持续跟进，提高了面向社区开展服务的社会组织的服务能力。

2.“公益1 +1之绿缘计划”实施的社会意义

这种“1 +1”服务模式，不但实现了公益资源的有效使用，产生了良好的公益服务效果，而且也产生了具体服务之外的积极效应。公益资源拥有者可以在可靠的、有能力的支持性社会工作机构的支持下做更多的事，扩展自己的公益视野；面向社区开展服务的社会组织因其“在地性”可以获得公益资源，提供资源提供方、基层政府和居委会以及居民所期望的公益服务，而且在服务中，借助支持性社会工作机构的“赋能”，还可以在多方面得到提高。应该看到，在实现上述公益服务的整个过程中，公益资源拥有者的社会公益意识是十分重要的，这是实现公益服务的起点。面向社区开展服务的社会组织的服务也很重要，因为他们使服务落地。但是，如果资源拥有者不能“亲自操刀”具体地提供服务（这种现象在一些大型的公益机构那里并不少见），则会出现“公益性资源闲置”甚至浪费。对于面向社区开展服务的社会组织来说，最缺乏的就是公益资源。但双方并不熟悉（或称“信息不对称”），于是，实际的社区公益活动不能实行。现在熟悉双方的支持性社会工作机构将双方“拉在一起”[有点像“结构洞”理论中的“搭桥”（罗博德·伯特，2008）]，并在服务过程中不断提供支持，就实现了“1 +1 >2”的效果。公益资源提供方的公益愿望实现了，还节省了人力资源；政府希望利用社会力量促进公益的目标实现了；面向社区开展服务的社会组织得到了发展，其公益服务有序进行了；支持性社会工作机构较好地发挥了自己的功能，实现专业价值，扩展专业活动空间，支持了有发展前景的面向社区开展服务的社会组织，实现了一定的政策倡导。“绿缘计划”以社会力量为中心，创造了一种新的公益服务模式。北京协作者认为这是一种新的资助模式和公益领域的新生态。

三、公益新模式的生态学内涵及创新

1.“公益1+1之绿缘计划”之公益新生态的内涵

生态是在生存和发展方面具有相互关系的不同事物之间形成的竞争或共生关系，不同事物因其重要性而在相互关系中处于不同地位，这种位置称为生态位或区位（Michael T. Hannan、John Freeman，2014；蔡禾，2003）。处于不同生态位的事物相互联系形成生态系统，并形成特定的生态结构，维持着这个生态系统的生存状态，并对外发挥自己的功能。公益系统也有自己的生态结构，也就是公益资源拥有者与资源使用者及其中介者之间形成的平衡或不平衡的相互依赖关系。一般认为，资源拥有者在生态系统中占据中心地位，即占据主生态位，资源使用者处于次要地位。但是没有资源使用者去使用资源，资源占有者的资源就是“闲置”的。在我国，常规条件下公益资源短缺，所以资源占有者居于主要地位，但是他必须找到合适的公共资源的使用者，通过服务产生所期望的效果。于是，这里就产生了某种互相依赖关系或生态关系。在公益活动中，资源拥有者很希望直接看到自己的资源产生的公益效果，但是在大型公益活动（公共事件）中，资源拥有者常常要把自己拥有的资源交予政府部门统筹，再由政府去分配资源，这就形成了以政府为中心的生态结构。当各种公益资源被统一使用时，各资源拥有者（捐赠者）的公益实现感就不那么具体，有时会影响下一个捐赠活动的积极性（邓国胜，2009）。这是我国在重大公共事件中占主流的资助生态模式。另一种情况是直接使用公益资源的机构能力不足，或活动所及比较分散，资源拥有者难以把握公益资源捐赠后的效果。这时，资源拥有者与资源使用者之间就可能出现相互隔离的现象，这种生态结构是不稳定的、有缺陷的。

在这种情况下，由取得资源拥有者和资源使用者共同信任的、有较高社会公信力，也有一定介入该公益活动能力的社会工作机构，在理解双方意愿和能力的基础上，作为上述双方的中介，就是达成较好的公益合作的重要条件，也能形成比较完整的生态系统，并发挥功能。北京协作者在争取万科公益基金会支持北京市社区垃圾分类的项目中所扮演的就是这种角色，这也是在政府政策的支持下，主要由社会力量推动公益计划进行的“新资助模式”，也是新的资助生态模式。

2.“公益1+1之绿缘计划”之公益新生态模式的创新

由北京协作者主要实施的“公益1+1之绿缘计划”，在公益资源链接、使用、效果实现等方面具有一定的创新意义。主要是：不完全依赖政府的动员和介入，也不是由政府“统收统配”去分配资源，而是由具有较高公信力、有实际介入能力的社会组织，在政府的政策指导下，运作、跟进该项目过程，通过多方“赋能”，实现计划目标。这可以看作是公益资源项目的社会模式。在拥有公益资源的社会力量更强调自己的主体性、公益存在价值、公益目标具体可感的情况下，这种由具有较高社会服务设计和推动能力的社会组织来统筹和推进公益服务事业，不但是一种创新，而且有一定的模式推广价值。“让专业的人做专业的事”，“公益1+1之绿缘计划”是一个成功的案例。

当然，这里的模式推广不是没有条件的，而是有一些必要条件。第一，公益资源拥有者的公益资助意愿及方向——意愿强烈，资助方向明确且有一定开放性，即自己或经过其他组织能找到合适的配对者；有一定的参与项目规划、指导和监测的能力。从“绿缘计划”的运作来看，显然万科公益基金会具有这样的条件。第二，作为公益资源使用者的社会组织要有一定的执行项目的能力。一般说来，面向社区开展服务的社会组织经常性地实施社会公益项目的机会不多，对于实施来自大型公共慈善机构、要求比较高的资助项目可能感到生疏。但是，作为资助者一定要预见到公益服务提供者的工作效率和效果。因此，公益资源使用者一定要有明确的公益价值观、组织的结构性和可预见的工作效率及效果。在能力不足的情况下要有符合项目要求的成长能力。第三，项目支持者连接双方、促进双方了解和达成共识的能力和行动。大型公益资源拥有者的公益意愿和行动乃至落地，是复杂的社会过程，完全由资源拥有者亲自操办这一过程，工作十分繁杂，可能也“很不经济”、不大现实，特别是在具体的项目点比较分散、内部差异较大的情况下更是如此。再加上面向社区开展服务的社会组织实施这类项目的经验不多，所以，必须由中介者进行有实质意义的中间连接，达成公益资源拥有者与资源使用者之间关于资助理念、目标、行动和效果的共识。在这方面，对双方都比较了解的中介者（看似“第三方”）的作用不可或缺，而且十分重要。对于资源资助者来说，中介者有部分“经纪人”的角色，对资源使用者来说，中介者扮演“指导者”的角色，对于双方来说它都是赋能的。于是，从很大意义上来说，作为支持者的中介者的生态连接和增能作用是十分重要的，其中介能力关乎着合作计划的成败。在“公益 1 +1 之绿缘计划”中，经过共同努力，这一项目是成功的。

四、结语

公益领域是有多种社会组织参与并发挥不同作用的公共领域，它们之间形成了多元、多种可能的合作、协作、竞争关系，于是形成一定的生态结构。在向中国式现代化迈进的进程中，从宏观社会过程到微观社区行动，存在着多种资源使用模式。在将公益慈善纳入实现共同富裕措施的政策背景下，更好地发挥社会力量的公益慈善潜能，显得更加重要。于是，研究更符合我国实际的、可持续的公益慈善事业发展模式，也十分迫切。要研究公益慈善的新模式，研究公益慈善生态系统的动力学，以推进我国公益慈善事业的新发展。“公益 1 +1 之绿缘计划”从行动研究的角度分析和建构公益资助的新模式，取得了初步成果，也可以作为典型经验以资参考。要从更加科学的角度研究公益慈善生态系统及其动力学，还应关注更多利益相关者、关注他们之间的互动关系，关注重要政策和外部事件的影响，关注关键节点和计划的持续进展。希望有基于实践的更多理论模式的研究和总结，推进我国公益慈善事业的健康发展。

北京大学社会学系教授　王思斌

2023 年 10 月

“五社联动”，共建绿色家园（序二）

习近平总书记在党的二十大报告中提出：“广泛形成绿色生产生活方式，碳排放达峰后稳中有降，生态环境根本好转，美丽中国目标基本实现。”“公益1+1之绿缘计划”是响应党中央这一号召，积极推动和探索“五社联动”助力美丽中国目标和可持续社区发展的一次生动实践。

“公益1+1”资助行动在北京市委社会工委市民政局、北京市社会组织管理中心的指导下发起，旨在发挥政府政策指导、支持性平台组织提供专业支持的优势，把基金会等慈善资源和社区社会服务机构及其他社区社会组织链接起来，从而发挥“1+1>2”的效果。“公益1+1”是有效回应党和政府的民生关切，支持一线社会组织更好地参与社会治理的一系列资助行动，“公益1+1之绿缘计划”（以下简称“绿缘计划”）是其中一项。“公益1+1”资助行动自2020年6月开启，至今已撬动了895万元资金，支持了超过60家社会组织在北京和河北雄安新区多个地区开展一系列富有价值的公益活动，未来我们也将继续支持下去。

“绿缘计划”是聚焦垃圾分类等可持续社区发展的“公益1+1”项目，它关注老百姓生活的环境质量。环境质量的改善需要大家一起努力。《中共中央　国务院关于加强基层治理体系和治理能力现代化建设的意见》提出：“完善社会力量参与基层治理激励政策，创新社区与社会组织、社会工作者、社区志愿者、社会慈善资源的联动机制。”即基层治理现代化要实现“五社联动”。从这一点上看，“绿缘计划”是“五社联动”在基层治理的一个具体探索：万科公益基金会作为社会公益慈善力量提供资源支持，北京协作者作为专业社会工作机构提供社会工作专业支持，社会服务机构和社区社会组织引领社区志愿者广泛参与，在社区这个治理平台上，围绕垃圾分类和环境保护等，与社区民生息息相关的“小事”联动服务，逐步形成了具有北京特色的“五社联动”专业经验，被引进推广到深圳等地区，在社区治理领域作出了具体贡献。

在此，我要感谢万科公益基金会的参与。万科公益基金会作为民政部主管的全国性基金会，支持首都垃圾分类工作，积极参与国家“双碳”目标在社区落地的探索，通过资金支持北京更多社会组织一起行动。这种担当精神值得赞赏和学习。我也要为北京协作者点赞，作为一个成立了20年的5A级社会组织，从成立至今一直坚守初心，用社会工作的专业方法来做事，分享自己的专业经验，支持带动年轻的社会组织一起发展。

最后，我也呼吁社会组织、社会工作专业、社区建设及社会公益慈善等各方力量联合起来；呼吁更多的基金会参与“公益1+1”行动，提供更多的资金支持，更好地发挥北京市基金会资金聚集的优势，支持更多基层社会组织做好基层社会服务工作，让社会服务机构能更加专注于基层社会服务行动，让政府提供有力的政策支持，各个专业机构和平台做好技术支持和保障，形成一种良性循环。

期待通过各方共同行动，共建我们的美好家园！

北京市委社会工委副书记、市民政局副局长　许伟

2023年9月

多方协力　共创可持续社区（序三）

2023 年 5 月 21 日，习近平总书记回信勉励上海市虹口区嘉兴路街道垃圾分类志愿者时强调，“垃圾分类和资源化利用是个系统工程，需要各方协同发力、精准施策、久久为功，需要广大城乡居民积极参与、主动作为”。同年，住房和城乡建设部将每年 5 月第 4 周定为“全国城市生活垃圾分类宣传周”，通过开展城市生活垃圾分类宣传活动，提升垃圾分类群众知晓度和垃圾投放准确率，助力生态文明建设。

从 2018 年住房和城乡建设部发文加快推进全国部分重点城市生活垃圾分类工作至今，5 年间，全国生活垃圾分类领域从政策体系、学界研究到社区探索，都取得了令人振奋的成果。恰逢其时，万科公益基金会 2018—2022 年五年战略规划，聚焦“建设可持续社区”目标，将“社区废弃物管理”设为旗舰项目，致力于在居民小区、办公区、学校等多类社区场景中探索生活垃圾分类管理的有效路径。作为民政部注册的全国性基金会，万科公益基金会应该是为数不多的以“生活垃圾”这一社会问题回应自身社会价值追求的社会组织。万科公益基金会始终秉持“研究—试点—赋能—倡导”工作链，期待打通社区行动与经验提炼之间的壁垒，为可持续社区发展领域的同行者提供借鉴，为国家的生态文明建设作贡献。

2020 年 5 月 1 日，新版《北京市生活垃圾管理条例》正式实施，标志着北京垃圾分类由倡导升级为法定义务。鉴于万科公益基金会之前在北京西山庭院小区、住房和城乡建设部家属院社区等地所支持的实践探索，我们深刻体会到，具备在地行动经验与议题策划能力的社区社会组织的成长壮大，是促进广泛的社区居民参与、提升生活垃圾分类成效的重要保障，也是社区环境改良与基层社区治理有效结合的重要保障。为了推动系统性探索，2021年12月，万科公益基金会联合深耕北京社区10多年、既有专业社会工作能力又承担北京社会组织能力建设功能的机构——北京协作者，共同发起“绿缘计划”。

在北京市委社会工委市民政局、北京市社会组织管理中心的指导支持下，经过一年多努力，“绿缘计划”（一期）支持的21家社会组织在北京市所辖7个城区、17个街道或地区的33个社区、47个小区落地生根，开展多形式多主题的服务超610次；服务38090人、59993人次；培育了47支志愿者队伍。这些贴近社区需求的行动，充分激发出居民志愿者的主动性，以居民带动居民、以居民教育居民、以居民引领居民，成为在地社区继续开展可持续社区环境建设工作的支撑力量。在这个过程中，北京协作者项目团队充分发挥支持性平台作用，尊重社会组织伙伴的在地智慧，在项目实施中提供从项目管理到可持续社区环境议题赋能等全过程支持。万科公益基金会则充分发挥基金会的平台作用，在提供资金支持的同时，基于自身在社区废弃物管理上积累的专业伙伴资源，为“绿缘计划”的伙伴们提供了专业赋能与交流学习的网络等资源。“绿缘计划”探索出“在可持续社区建设中，以社区为服务平台、以社会组织为组织载体、以社会慈善资源为支持动力、以社区志愿者为重要力量、以社会工作为专业支撑”的“五社联动”运作机制，共同推进首都垃圾源头分类的服务模式。这些行动探索先后得到相关部门的指导与肯定。2022年5月，“绿缘计划”（二期）也扬帆起航。

本书是“绿缘计划”探索历程的知识结晶。我们真诚地期待将伙伴们共同经历的努力、碰撞生发的思考梳理成册，分享给更多关注可持续社区建设的朋友们，也期待本书的出版能够激发更多关于绿色社区建设、社会组织参与基层社区治理等方面的讨论与创新实践。

感谢北京市委社会工委市民政局、北京市社会组织管理中心，让“绿缘计划”有了最坚实的组织基础；感谢北京市21家“绿缘计划”伙伴，你们的行动实践为本书出版打下了扎实的基础；感谢欣然应邀撰稿的领导与专家们，你们的拳拳关怀与专业分析，不仅为本书注入了学术思考，也与“绿缘计划”伙伴们分享了方法、反馈了建议。最后，真诚地感谢李涛主任带领的北京协作者“绿缘计划”项目组，你们细致的工作态度与专业能力确保了本书最终付梓。在合作过程中，我们深深感受到，北京协作者团队不仅具备优秀的社会工作专业性，还始终秉持对公益行业健康发展的无限情怀与勇挑重担的责任担当。我们很幸运能够与如此有理想、有专业、有信念的合作伙伴携手共进。

在2023年开启的又一个五年规划周期中，万科公益基金会将继续不懈追求“美美与共的未来家园”，衷心期待更多伙伴一起并肩前行！

万科公益基金会秘书长　谢晓慧

2023年7月

基于行动的证明（序四）

本书是“绿缘计划”行动研究的成果。该研究由一群社会工作者以专业信念和行动证明了一个基本假设：如果社会组织得到有效的支持，他们将在社区垃圾分类方面贡献独特的价值，并将带动更广泛、更持久的社区环境的改善，进而深化多方参与的社区治理体系。基于该假设，2020 年，在北京市委社会工委市民政局、北京市社会组织管理中心的指导下，北京协作者和万科公益基金会联合发起了这场蕴含着团结和希望的行动。

众所周知，垃圾分类属于可持续社区环境发展的重要内容，垃圾分类的工作主体在社区。社区是生活共同体，共同体中的各方力量尤其是居民能否参与，成为社区工作决定性的因素。遗憾的是，不仅是垃圾分类工作，我们的其他社区工作都面临着居民参与不足的挑战。

这背后主要有两个方面的原因：一方面，公众缺乏参与意识，居民的社区责任意识没有培养起来；另一方面，社区作为多元主体构成的共同体，如何将人们需求的独特性、多样性与环境保护、垃圾分类有机结合起来，这是影响公众参与的关键。而解决该问题的根本出路在于尊重社区多样性，提供多元化参与途径。社会组织正是保障社区多样性、多元化的体现，是构建现代社区治理体系的重要力量。

“绿缘计划”行动研究表明，社会组织参与垃圾分类的优势表现在以下几个方面：

第一，长期扎根社区，有较高的社区公信力，容易获得居民信任，参与成本较低。

第二，社会组织业务领域较丰富，服务对象多元。

第三，社会组织了解社区需求，了解适合居民的参与方法。

第四，社会组织有丰富的社区资源，包括社区志愿者和服务对象。

然而，社会组织参与垃圾分类的局限性也是非常明显的，主要表现在：

第一，社会组织参与可持续社区环境建设工作的专业能力和信心不足。长期以来，环保领域相对来说是小众化的，除了专业环保机构，其他社会组织缺乏参与的机会，没有实践经验，专业人才也非常缺乏。

第二，没有建立起良好的公益生态环境。

社会组织长期处在相对脆弱的状态，在新冠疫情冲击之下，目前处境更加艰难，究其原因：

第一，缺乏社区支持。一些社区居委会和物业不了解社会组织。即使社会组织带着资金、带着技术落地社区，也有可能会被认为是麻烦的制造者，是给社区增加负担的。

第二，缺乏居民认同。动员居民参与本来是社会组织的优势，然而，动员居民参与需要投入很高的成本，居民思想意识的转变、行为能力的培养，需要漫长的过程。资源方在购买社会组织服务的时候，往往不考虑这些成本。这也是为什么越来越多的社会组织不愿意投身社区服务的原因。

第三，公益生态环境恶劣。尽管这些年政府购买服务有一些发展，但不稳定、不持续，缺乏规划，大部分项目是以一年为周期，且常常一年压缩成半年，但社区可持续发展是持续投入的过程。

第四，全国9000多家基金会，资助社会服务机构的基金会不到千分之一；企业对公益的认知比较狭隘，将其视为公关活动，缺乏公益行业发展的视角。

近3年的新冠疫情更放大了上述困难。2020年，我们对北京400多家社会组织做调查，超过1/3受调查社会组织表示新冠疫情给它们带来了不同程度的损失。

这样的环境下如何促进社会组织的参与？基于以上思考，2020年，我们发起了“公益1+1”资助行动，希望充分整合政府的政策优势、支持性组织的平台优势、基金会的资源优势和社会服务机构的行动优势，携手构建政府提供政策指导、基金会提供资源支持、支持性组织提供专业支持、社会服务机构专注于社区行动，以实现资源共享、伙伴共生、价值共创的公益新生态目标。其中，最关键的是如何做好“公益1+1”的“+”：一是资金的支持；二是技术的赋能，而贯穿其中的是基于社会工作专业价值观的合作理念，“相信伙伴的力量，相信协作的力量”。事实证明，当我们真正地把空间和信任给到一线的社会组织伙伴时，他们将迸发出巨大的活力。“绿缘计划”在过去一年当中资助了21家社会组织，覆盖了47个小区，累计开展610次活动，除了直接服务3.8万多人，更宝贵的是在服务中培育了47支志愿者队伍、1023名志愿者，并生产出大量的本土社区环保知识产品。

在行动研究中，我们发现社会组织参与垃圾分类可以在6个方面发挥重要的作用：

第一，发挥评估、识别社区需求的作用，保障社区环保工作的针对性。通过参与“公益1+1”的赋能活动，社会组织学习了如何运用社会工作方法精准地评估居民需求；

第二，发挥社区动员作用，促进利益相关方的参与。社区动员既包括动员社区居民的参与，也包括动员社区居委会和物业等部门的参与，这都需要专业的方法；

第三，发挥政策倡导的作用，推动社区环保政策的完善和落实；

第四，发挥服务创新的作用，提升服务效率。如针对儿童、老人、残障人士等不同人群的服务，都需要创造个性化的服务方法；

第五，发挥社区教育的作用，促进社区环保效果可持续。社会组织以更加多元、更有温度的方式，通过鼓励、教育居民，培育共同体意识；

第六，发挥社会监督的作用，保障社区环保工作的成效。这是社会组织的特长，善于调查研究，监测评估，并动员社区居民骨干、党员积极分子参与监督。

通过一年多的实践，我们体会最深的是，当前社区环保工作往往局限于短期成效，难以建立起长期的机制。居民环保意识和行为转变是需要过程的。很多时候，居民在意识层面刚刚对社区环保有了一些认识，还没有养成行为习惯，项目就结束了，社会组织不得不撤出。这样社区环保工作很难建立起长效机制，社会组织很难与社区建立起密切的合作关系。

为此，我们在行动研究中就如何促进社会组织参与垃圾分类提出了建议，包括：

第一，承认社会组织的参与价值，通过持续的资源投入支持社会组织无后顾之忧地开展工作。

第二，构建以社区为平台、社会工作者为支撑、社会组织为载体、志愿者为辅助、公益慈善资源为补充的“五社联动”机制，搭建常态化的社区与社会组织对接合作渠道与机制。

第三，建立科学的服务评估机制，提高社会组织的治理和服务能力。垃圾分类长效机制的评估目前更加注重服务的数量、服务的绩效，评估往往聚焦在财务合规审查，档案资料、台账的检查上，喜欢形式热闹的大活动、好看的数据，而很少看到居民和社区的改变。这在某种程度上容易把社会组织引导到形式化的服务当中。

以上发现和建议也说明了“公益 1 + 1”资助行动的重要性。行文至此，有必要向大家说明一下我们对本次行动研究的理解，行动研究是基于行动的研究，是对行动的研究，是在行动中的研究，也是为更好地行动而开展的研究。归根结底，有行动才会有改变。

谨以此序，向所有参与和支持“绿缘计划”的伙伴，以及投身可持续社区发展的公益行动者致敬。

北京市协作者社会工作发展中心主任　李涛

2023 年 5 月

目　录

第一编　可持续社区环境建设的实务研究

第二编　来自可持续社区环境发展中的实务案例

第三编　项目手记

第四编　专家视线

第一编

可持续社区环境建设的实务研究

可持续社区环境建设尤其是生活垃圾分类是衡量城市治理水平的标准之一。在可持续社区环境建设方面，我国居民生活垃圾分类工作总体上处于起步阶段，在落实城市主体责任、推动居民习惯养成、加快分类设施建设、完善配套支持政策等方面，存在居民垃圾分类意识不足、知识匮乏，垃圾分类标准不统一、设施不完善、清运不规范、监管体系不健全等问题。

近年来，国家和北京市出台的垃圾分类相关条例明确指出，要支持和鼓励各类社会组织参与开展生活垃圾分类投放宣传、示范等社区生活垃圾治理工作。因此，资助并支持社区社会组织带动居民参与垃圾分类工作，开展行动研究，发现和总结促进广大社会组织参与垃圾分类等可持续社区环境建设的有效模式和方法，对解决当下可持续社区环境建设中的核心问题与挑战，建设“美丽中国”，具有重要的价值。

本编的《北京市社会服务机构参与可持续社区环境建设（社区环保）基线调研报告》《赋能社会组织，助力可持续社区环境建设——“公益 1 + 1 之绿缘计划”行动研究报告》，从社会组织参与社区环境建设的需求、遇到的挑战、可发挥的作用等方面进行了深入细致的研究，为可持续社区建设中社会组织如何发挥作用、发挥怎样的作用等提供了借鉴。

第一章
北京市社会服务机构参与可持续社区环境建设（社区环保）基线调研报告

北京市协作者“绿缘计划”项目研究课题组①

一、社区环保工作为什么要关注社会服务机构的参与

（一）研究背景

1. 可持续社区环境建设（社区环保）工作

可持续社区理念源于1987年世界环境与发展委员会提出的涵盖生态、社会和经济可持续发展概念，其核心包含：（1）对人与自然和谐统一关系的肯定；（2）对社区归属感以及公众社会参与的强调；（3）对生活品质和有效利用自然资源的追求。[1]

在国内，可持续社区多被称作“生态社区”或“绿色社区”等，主要是指具备了一定的符合环保要求的硬件设施、建立了较完善的环境管理体系和公众参与机制的社区。[2]可持续社区环境建设是一个相对宏观的概念，涉及环境保护、社区营造等多重内容。本报告中的可持续社区环境建设，主要指社区环保工作，偏重于社区环境保护，主要涉及：垃圾分类、垃圾减量、节能、节水、新能源建设等内容。随着城市化进程的推进，居民收入和消费的日益增长，雾霾、垃圾堆积等一系列环境问题的出现，人们生活质量受到严重影响，社区环保工作日益成为社会各界关注的重要议题。结合新版《北京市生活垃圾管理条例》[3]实施的政策背景，本调研更关注生活垃圾分类工作。

① 北京协作者“绿缘计划”项目研究课题组成员：李涛，北京协作者主任；李真，北京协作者常务主任、督导；杨玳瑁，北京协作者专业支持部主任；刘博囡，北京协作者教育倡导部（原）研究倡导项目官员。

随着人们生活方式的转变，生活垃圾增长迅速成为当今社会突出的环境问题。2000 年 6 月，住房和城乡建设部印发《关于公布生活垃圾分类收集试点城市的通知》（建设部〔2000〕12 号），选定北京、上海、广州、南京、深圳、杭州、厦门、桂林 8 个城市作为生活垃圾分类收集的试点城市。2011 年 11 月，北京市人民代表大会常务委员会发布《北京市生活垃圾管理条例》，涉及生活垃圾的减量、分类、收集、运输、处理等方方面面，并于 2012 年 3 月 1 日正式施行。2017 年 10 月，《北京市人民政府办公厅关于加快推进生活垃圾分类工作的意见》和《北京市生活垃圾分类治理行动计划（2017—2020）》发布，为北京市垃圾分类活动提供了政策依据。2020 年 5 月 1 日，新版《北京市生活垃圾管理条例》实施，明确了垃圾分类的责任主体，强调垃圾分类活动应当根据人口分布、基础设施等条件的不同，因地制宜开展。同期颁布的还有《北京市党政机关社会单位垃圾分类实施办法（暂行）》《北京市居住小区垃圾分类实施办法（暂行）》《北京市垃圾分类收集运输处理实施办法（暂行）》《北京市生活垃圾减量实施办法（暂行）》，这些政策的颁布都在促进垃圾分类工作有序展开。

2. 社会组织参与社区环保工作

社会组织作为构建现代社区治理和环境治理体系的专业力量，在垃圾分类、垃圾减量等社区环保工作中可以发挥社会教育、能力建设、专业引领、服务创新、行业监督、资源整合、倡议动员的作用。[4]

中国社会组织公共服务平台数据显示[5]，截至 2021 年 1 月，全国共有社会组织 901436 个。为推动环保社会组织健康有序发展，促进社会组织在社区环保中发挥积极作用，2017 年环境保护部、民政部联合印发《关于加强对环保组织引导发展和规范管理的指导意见》；2020 年，中央办公厅、国务院办公厅印发《关于构建现代环境治理体系的指导意见》，指出要构建党委领导、政府主导、企业主体、社会组织和公众共同参与的现代环境治理体系。2020 年 12 月，住房和城乡建设部等部门印发《关于进一步推进生活垃圾分类工作的若干意见》，强调要营造全社会参与的良好氛围，充分发挥社会组织的作用，共同推进生活垃圾分类。这些政策的颁布都不同程度体现出政府对社会组织参与社区环保的重视，越来越多的社会组织也逐渐参与社区环保工作。

3. 社会服务机构参与社区环保工作

社会组织分为基金会、社会团体和社会服务机构。其中，社会服务机构是企业事业单位、社会团体和其他社会力量以及公民个人利用非国有资产举办的，从事非营利性社会服务活动的社会组织。[6] 作为社会组织中的三大组织形态之一，比起基金会和社会团体，社会服务机构的特点是面向特定社群开展服务，其主要功能是社会服务，在包括社区环保工作在内的社区治理中扮演着重要的服务提供者角色。

中国社会组织公共服务平台数据显示[5]，截至 2021 年 1 月，全国社会服务机构共 508009 个，北京市社会组织管理中心 2020 年 9 月提供的数据显示，当前北京市民政局登记注册的社会服务机构共有 7791 家。

社会服务机构根植于基层社会，多年来在社区环保方面的作用日益凸显，已成为社区环保工作中的重要力量。如，北京协作者与北京市东城区东四街道办事处承办的“参与垃圾分类，共建美丽首都——首都社会组织进东四”活动，从服务支援、宣传展示、资源对接三方面出发，通过组织动员在垃圾分类方面经验丰富的社会组织参与，结合社区需求开展体验服务，助力社区垃圾分类工作。再如，北京市石景山区阿牛公益发展中心在昌平区辛庄村推动“垃圾不落地”项目，村民垃圾分类正确率达到 95%，混合垃圾减量 75%。社会服务机构参与社区环保工作存在巨大的潜力和增长空间，推动社会服务机构参与，有助于提高社区环保工作效率，保障社区环保工作成效。

与此同时，社会服务机构参与社区环保工作也存在一些挑战。第一，在资源方面，根据合一绿学院 2015 年的《中国民间垃圾议题环境保护组织发展调查报告》[7]，资金问题是环保类社会组织面临的最大问题之一，主要表现为资金不足与资金渠道单一。第二，社会服务机构在社区环保工作中角色定位不明确，这也是影响它们参与社区环保工作的重要因素之一。新版《北京市生活垃圾管理条例》对包括各级人民政府、城市管理部门、居（村）委会、物业服务企业及各类单位和个人等责任主体作出界定，但对于包括社会服务机构在内的社会组织在参与垃圾分类工作中的相关责任并未给出明确指导。社会服务机构以何种身份参与其中，与各方建立联系并发挥何种作用是需要加以考虑的。第三，根据《中国绿色社区环保组织发展状况调研报告

(2018)》[8]，参与社区环保工作的社会服务机构的专业能力、组织管理水平普遍偏低，不能满足当前的社区环保工作需求。

社区环保工作本质上是社会治理的内容。中共北京市第十二届委员会第十五次全体会议审议通过了《中共北京市委关于制定北京市国民经济和社会发展第十四个五年规划和二〇三五年远景目标的建议》，提出要持之以恒抓好垃圾分类和物业管理这两个“关键小事”，垃圾分类工作将成为北京市委、市政府在相当长一段时间内的工作重点。广大社会组织，尤其是提供民生服务的社会服务机构有效参与垃圾分类工作，将会推动社区环保工作进程，促进社会治理多元主体共治局面的发展。基于上述认识，结合当下社会服务机构在垃圾分类等社区环保工作方面的参与程度有待提高，机构的生存与发展存在风险等现实，在北京市社会组织管理中心的指导下，北京市社会组织发展服务中心（以下简称“发展服务中心”）及其运营方北京市协作者联合万科公益基金会共同发起本次调查研究。①

（二）研究目标

了解社会服务机构在社区环保工作中的角色和作用；了解北京社会服务机构参与以垃圾分类为主体的社区环保工作的现状、需求和挑战；为更好地支持社会服务机构参与社区环保工作提供科学依据。

---

①　北京协作者成立于2003年，是国内成立较早的社会工作服务机构之一，也是民政部首批全国社会工作服务示范单位、5A级社会组织。北京协作者致力于通过开展服务创新、政策倡导和专业支持，协助困境人群从受助者成长为助人者，进而在服务实践中总结提炼本土经验，推动社会工作和社会组织的发展。

发展服务中心是由北京市委社会工委市民政局主办的事业单位，是市级社会组织支持平台。北京协作者作为支持性组织，从2015年下半年开始至2022年10月，负责该平台建设、日常运营和服务提供，发挥面向全市社会组织提供能力建设与资源对接等方面的支持功能。目前该平台已停止运营。

万科公益基金会是由万科企业股份有限公司发起，经民政部审核批准，于2008年成立的全国性非公募基金会。2017年被认定为慈善组织。在新的五年战略规划（2023—2027年）框架下，万科公益基金会以“美美与共的未来家园”为愿景，实践和传播可持续社区理念。基金会当前聚焦碳中和社区先行探索与推广、社区废弃物管理瓶颈突破、中国气候故事讲述三大重点战略模块。2021年，在北京市社会组织管理中心指导下，万科公益基金会和发展服务中心及北京协作者联合发起“绿缘计划”，通过培训、资助和研究倡导，助力社会服务机构参与社区环保工作。本次研究即是“绿缘计划”的组成部分，以研究评估发现的问题和需求，有针对性地对社会服务机构开展赋能工作。

（三）研究方法

社区环保工作涵盖内容广泛，参与方较多，为回应研究目标，本次研究采取混合研究方法。

1. 研究方法

（1）文献研究法。

对文献资料的收集、分析和思考贯穿本次研究。运用文献研究法确定社会服务机构、社区环保等概念；梳理目前关于社会组织参与社区环保的基本情况以及相关理论研究等。

（2）问卷调查法。

本次研究以机构基本信息、参与社区环保工作的基本情况、参与社区环保工作的挑战及需求为出发点，共设计 52 道题目，对北京市社会服务机构开展问卷调查。主要通过线上途径，借助网络平台进行问卷设置和问卷回收，系统了解社会服务机构参与社区环保工作的现状及遇到的挑战。问卷于 2020 年 12 月 31 日正式发放，于 2021 年 1 月 10 日停止回收。其间，共回收问卷 153 份，有效问卷为 142 份，问卷有效率为 92. 8% 。其中，42. 96% 的社会服务机构在过去三年曾参与过社区环保工作。

（3）个案访谈法。

主要采用半结构式访谈，对 18 家机构负责人与 3 个政府单位的 7 位工作人员进行访谈，以期全方位了解北京市社会服务机构的基本发展情况、参与社区环保工作的现状以及所面临的阻力、挑战及发展需求。

具体参与访谈的机构分成两类：①在参与社区环保工作中遇到困难的机构；②有意愿参与社区环保工作但未参与过，且认为自己在参与社区环保工作中存在优势的机构。

2. 数据分析

对调查问卷主要采用描述分析和频数分析的方法进行分析。

针对个案访谈主要采取主题分析法。在半结构式访谈结束后，研究员主要依据以下步骤对访谈进行分析：

（1）阅读、熟悉并转录访谈数据，在文本上标记出具有重要意义的陈述，将其提取后进行编码。

（2）将反复出现的编码进行分类整合，形成主题。

（3）对照原始文本进行确认后，对主题进行分析与研究，最终形成个案报告。

（4）将文献综述、问卷调查结果和个案访谈相结合，形成最终报告。

二、参与调查的社会服务机构的基本情况

（一）参与调查的社会服务机构概况

1. 大多处于初创期和发展期

调查显示，大部分社会服务机构成立时间不足5年，占比为61.98%，其中成立3～5年的最多，占39.44%；成立1～3年的占22.54%。成立10年以上的占17.61%。成立7～10年的最少，占比为7.04%（见图1－1）。

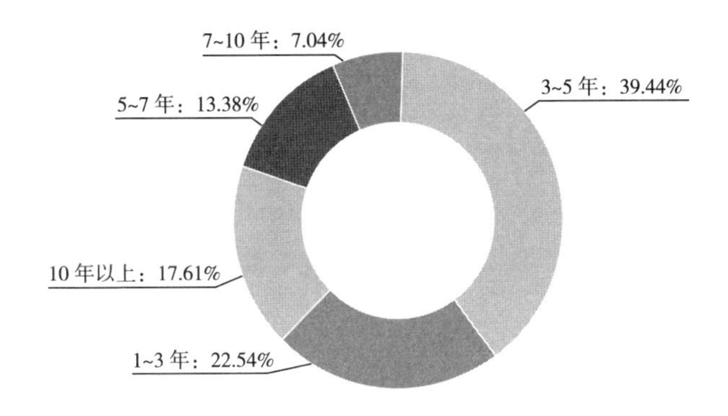

图1－1　社会服务机构成立年限

2. 规模普遍较小

就规模来看，社会服务机构全职员工人数10人及以下居多，占77.47%，其中4～6人、7～10人和1～3人，分别占比26.76%、26.06%和24.65%。51人以上的机构占比仅为4.93%（见图1－2）。

3. 业务领域较丰富

参与调研的社会服务机构业务领域包括社区发展、儿童和青少年服务、妇女服务、老年服务等，涉及现有社会服务机构的大部分业务类别，仅有

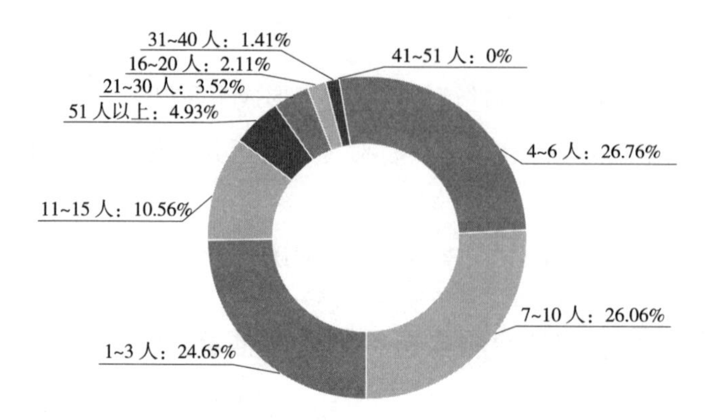

图 1－2　社会服务机构全职人员人数

14.79%的社会服务机构业务领域涉及环境保护（见图 1－3）。

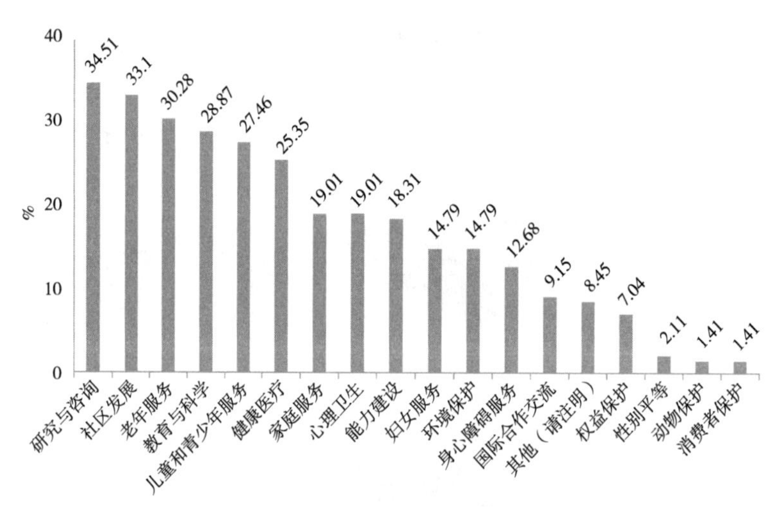

图 1－3　社会服务机构业务领域

4. 资金来源相对多元

参与调研的社会服务机构，近三年来的活动资金主要来自政府（包括购买、补助、委托项目等）购买服务、服务收费、企业赞助、基金会资助和公众捐赠等，分别占比 30.32%、25.77%、18.04%、6.69%、4.7%。调研显示，有 14.17%的活动资金来自其他途径，包括企业捐物、创始人自行垫付等（见图 1－4）。

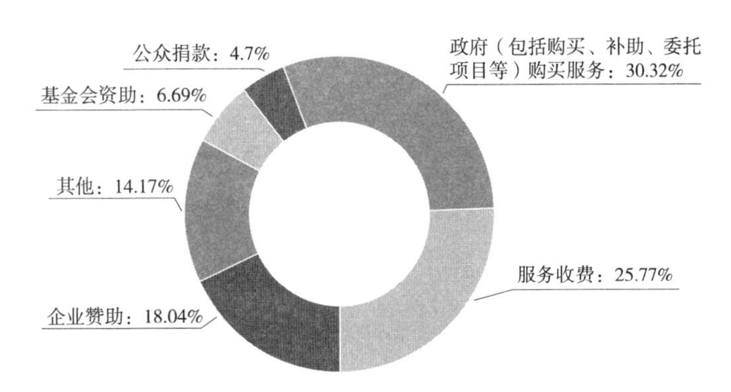

图 1－4 社会服务机构资金来源

（二）参与过社区环保的社会服务机构基本情况

在本次调查中，在过去三年内参与过社区环保工作的社会服务机构约占 42.96%。它们主要呈现出以下基本特点：

1. 业务范围多样，非环保类社会服务参与活跃

在参与过社区环保工作的社会服务机构中，57.38% 的业务领域包括社区发展，47.54% 的业务领域包括儿童和青少年服务，45.9% 的业务领域包括老年服务，仅三分之一左右的业务领域涉及环境保护，表明非环保类机构很大程度上参与社区环保工作（见图 1－5）。

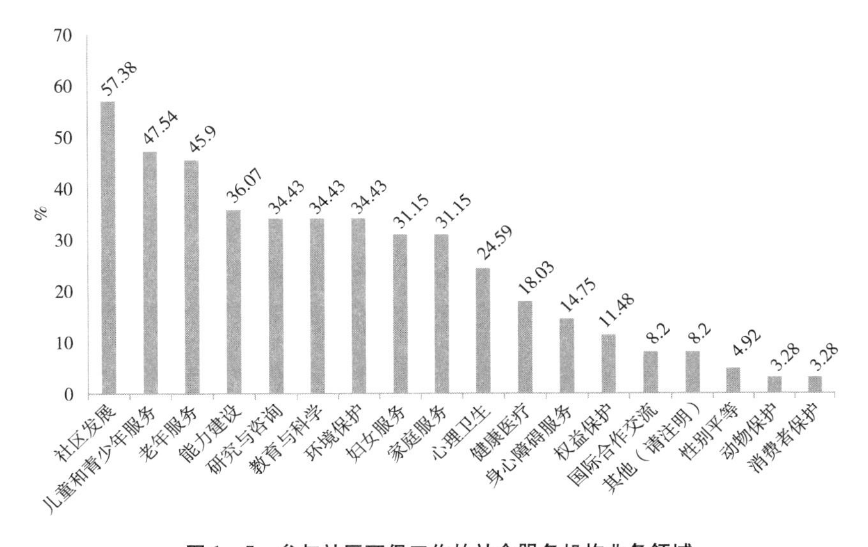

图 1－5 参与社区环保工作的社会服务机构业务领域

2. 资金主要来源于政府购买，金额较小

49.8%的社会服务机构开展社区环保工作的资金来自政府购买服务，19.77%的资金为其他资金来源，比如企业捐赠物资、组织创始人个人垫付等。平均单次环保服务活动的费用多在1万元以下（见图1-6）。

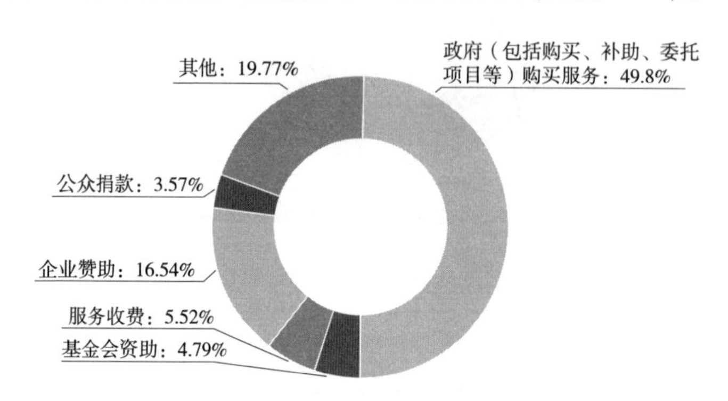

图1-6　参与社区环保工作的社会服务机构资金来源

3. 大部分社会服务机构参加过社区环保专业培训

在参与过社区环保工作的社会服务机构中，67.21%的机构表示参加过社区环保方面的专业培训。培训主题主要包括政策学习（73.17%）、环保教育（73.17%）和环保宣传（68.29%）（见图1-7）。

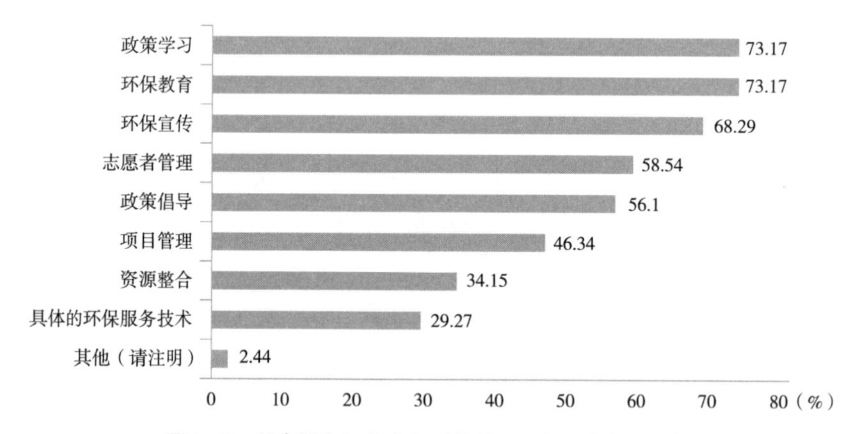

图1-7　社会服务机构参与过的社区环保工作相关培训

（三）未参与社区环保工作的主要原因及意愿

1. 未参与的主要原因

57.04%的社会服务机构在最近三年内没有参与社区环保工作，主要有三个原因：不属于业务服务领域、缺少资金和缺少人力。

2. 参与意愿与角色认知

28.4%的未参与社区环保工作的社会服务机构表示，社区环保工作与自己当前的业务相关，其中有35.8%的社会服务机构表示2021年有参与社区环保工作的计划。个案访谈发现，目前还未参与过社区环保工作的社会服务机构对于本机构未来在社区环保工作中的角色认知主要分成三类：配合者、合作者和组织者。

（1）配合者。

此类机构认为社区环保与自己的业务不相关，如老年服务类机构，但同时又认识到社区环保与民生服务及机构自身的生存相关，因此愿意做社区环保活动的配合者而非项目组织者，即其他机构组织活动，本机构参与。

（2）合作者。

此类机构认为垃圾分类已经成为社区服务常态化工作，自己的业务范围可以与社区环保工作相联系，但是碍于并不是自己的主要业务内容，且经费有限等原因，当前不便将社区环保工作作为主要活动开展，更愿意作为合作方参与，如民办学校类机构愿意与环保类机构联合举办环保活动。

（3）组织者。

此类机构表示，社区环保工作虽未在本机构登记的业务范围内，但是本机构所服务的群体有社区环保的需求，如果能获得相应的支持，有意愿组织开展社区环保活动。

3. 非环保类社会服务机构参与社区环保工作的优势

问卷调查显示，59.26%未参加过社区环保工作的机构表示自己参与社区环保工作有优势，主要体现在以下三个方面：

（1）长期扎根社区，有社会公信力。

一些非环保类的社会服务机构，尤其是老年服务类、儿童和青少年服务类和社会工作服务类机构，由于长期扎根社区开展活动，且活动有一定成效，被社区居民信任，具有较高的社会公信力，如参与开展社区环保工作，阻力相对较小。在个案访谈中，有受访者指出："我们做的工作还是比较受认可的，一说我们要开展社区环保工作，社区大概率是支持的。"（社会服务机构个案17）

（2）直接服务居民，了解居民需求。

受访社会服务机构表示，相比于环保类社会服务机构，民生服务类社会服务机构在日常服务中及时掌握居民的环保需求，更加了解所服务居民的特点，可以更加有针对性地选择服务内容和形式，因此比环保类社会服务机构在社区有更多的优势。

> 我们在服务的时候，发现有一些环保需求，比如老年人他不会（垃圾）分类，有一些没用的东西他也不扔，就是放着，开展旧物改造的活动就很必要。但是老年人有他的参与特点，不能去搞旧物改造比赛，需要找更适合老年人的方式。
>
> ——社会服务机构个案12

（3）有志愿者资源，人力资源相对充足。

受访社会服务机构表示，虽然当前以自己的能力很难参与社区环保工作，但是由于本身具有社区志愿者资源，在参与社区环保工作中有人力资源优势。

三、社会服务机构在社区环保工作中的主要作用

研究发现，社会服务机构在社区环保工作中主要有6个方面的作用。

（一）评估识别社区需求，保障社区环保工作的针对性

81.97%的受访者认为，社会服务机构可以在社区环保中发挥评估识别社区需求的作用，使服务内容、服务方法和形式更加切合社区需要。

由于社会服务机构的服务主要落地在社区，因此会与社区居民产生密切联系，通过与社区居民的深度沟通，了解社区的问题，发现居民的真实需求，并根据社区居民的实际需求有针对性地设计方案，开展服务，从而实现"不

要一刀切，根据社区不同的特点进行干预”（社会服务机构个案3）。

评估社区需求不仅包括了解社区居民需要什么样的活动内容，同时也包括居民喜欢什么样的活动形式。社会服务机构可以根据居民和社区的需求，选择居民喜闻乐见的形式开展社区环保活动，这样可以达到事半功倍的效果，提升公众的参与度。

这也是基层政府愿意与社会组织合作的主要原因，相比较于自上而下的行政单位，有受访的街道干部表示，社会服务机构在基层服务“相对较少地出现一些硬性的干扰，社会组织可以根据社区的情况，发挥他们自己的作用，解决社区出现的实际问题”。因此“基层更有合作的空间”（街道工作人员个案3）。

（二）发挥社区动员的作用，促进利益相关方参与

调研显示，86.89%的受访者认为，社会服务机构可以促进利益相关方参与社区环保工作。

社区环保工作最终要落地社区，需要动员社区居民参与服务。机构的服务对象是人，其主要作用“是对人或者是对居民的动员”（社会服务机构个案5）。

在个案访谈中，有受访者表示，居民的动员并非是一次性完成的，而是在服务开展的过程中，居民口口相传，不断影响、带动其他居民参与，从而起到宣传动员的效果。

> 人是有好奇心的，（看到我们后）说你们在做什么？然后我们可以去做宣传，滚雪球式地一个带一个或者一个带多个地参与。
>
> ——社会服务机构个案5

在开展社区环保工作中，公共服务存在一些难以满足社区居民需求的情况，而市场服务也因为它具有的逐利特性而不便作为。社会服务机构作为非营利性组织，它服务的开展具有公益性质，可以聚焦公共利益，与利益相关方有效沟通，协调各方高效参与社区环保工作。[9]有受访者提到“机构在利益相关方中起到一个桥梁的作用，有些时候需要把相关方整合（起来），然后促进他们的对话和协作”，方便资源流通，让利益相关方在“各自的位置

上去发挥他们的作用”（社会服务机构个案1），以更高效地开展社区环保工作。

同时，机构的协调作用还表现在促进利益相关方如居民、物业和居委会等相互理解、相互配合，达成共识。有受访者表示，利益相关方之间了解彼此的角色定位，相互理解、认同彼此的作用是开展社区环保工作的重要前提。社会服务机构有时需要做统筹协调的工作，“厘清利益相关方的责任”（社会服务机构个案3），促进物业、居委会等利益相关方相互理解、相互配合，共同推进社区环保工作。

（三）进行政策倡导，推动社区环保政策完善和落实

68.85%的受访者认为，在社区环保工作中，社会服务机构可以起到推动政策完善和落实的作用。

政策是引导各方开展社区环保工作活动的指引。社会服务机构以其专业理念与能力，可以更好地通过服务将政府关于社区环保的政策落到实处。正如有受访者提到的：“就垃圾分类来说，上面有政策提供一些硬性的要求，社会服务机构可以基于它（政策）去做一些事。”（社会服务机构个案6）

社会服务机构扎根社区，一线实践经验丰富，特别是专业社会工作机构，及时发现需求和问题，可以总结经验和问题，对协助政府完善政策，起到一定的倡导作用，使得政策的制定可以更加贴近社会现实，以便更有针对性地解决社区环保工作中存在的问题。在个案访谈中，有受访者指出：“社会工作者有一个政策的引导作用，要服务基层之后，把基层的心声反映上来，然后去影响政策。”（社会服务机构个案3）

（四）创新服务，提升居民参与积极性

社会服务机构普遍认可社区环保工作是一个较大的议题，其中包括很多子议题，这就需要多元的服务介入。调研显示，社会服务机构开展社区环保活动的内容较为丰富，涉及垃圾分类、旧物改造、垃圾减量、社区绿化、节能、节水、污水处理及环保组织培育、社区环保相关研究等多个方面，88.52%的参与过社区环保的机构参与过垃圾分类工作（见图1-8）。

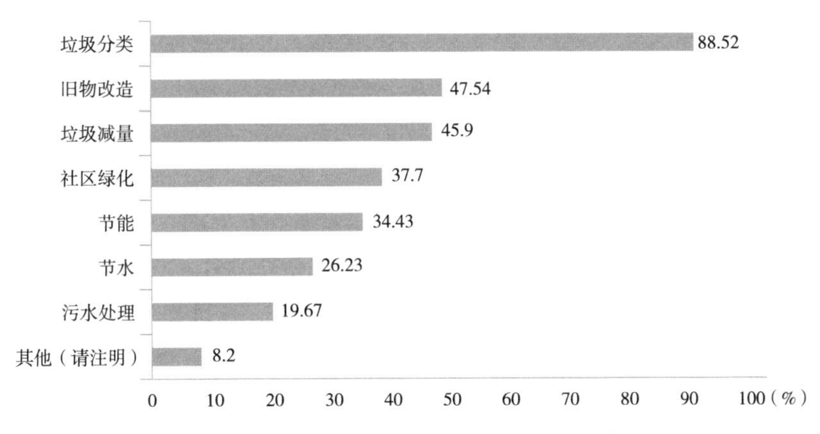

图1－8　社会服务机构参与社区环保工作的内容

同时，社会服务机构参与社区环保工作的形式相对多样，涉及宣传教育、志愿服务、志愿者队伍培育、社区组织与动员等多种形式（见图1－9），丰富的社区环保内容以及灵活多样的形式可以带动更多的居民参与社区环保活动。有受访者表示，切合居民的服务形式可以更充分调动居民参与的积极性，也能够“让居民在参与这个事情的时候，去思考社区环保的意义”。（社会服务机构个案8）

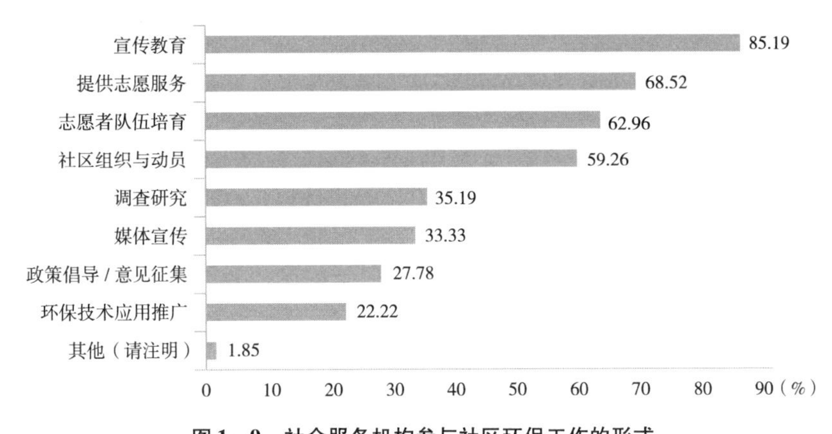

图1－9　社会服务机构参与社区环保工作的形式

（五）开展社区教育，促进社区环保效果可持续

社会服务机构具有社会性和志愿性，因其专业的工作方法，可以针对不同人群的特点进行社区教育，促进居民环保意识的提升和环保习惯的养成。

有受访者表示，社会服务机构参与社区环保工作主要有两个层面的作用，“一个最重要的层面是让环境变好，另外一个层面是让社区治理能力得到提升”（社会服务机构个案1）。

个案访谈发现，社会服务机构参与社区环保工作最首要的作用就是促进居民环保意识的建立。社区环保意识的建立是第一步，有了意识的改变，才能逐渐养成良好的环保习惯。有受访者指出：“我们机构优秀的理念就是要大家提高环保意识，意识上来了，行为才能跟上。”（社会服务机构个案4）

在个案访谈中，受访者普遍认为，社会服务机构参与社区环保工作有提高公众环保意识的作用。有受访者表示，“社会服务机构参与社区环保工作起到的应该是（促进）居民意识改变”（社会服务机构个案5）的作用。同时，也有受访者表示，能促成居民环保意识改变的工作才是有价值的。

另外，有受访者表示居民行为的改变与习惯的养成是社区环保工作的最终目的，机构应该采用“有温度”的活动形式，让居民理解社区环保工作的重要性，从而影响人们的行为。“人会有一些模仿别人的行为，大家都这样做，行为就会改变，习惯就会形成”（社会服务机构个案15）。机构参与社区环保活动应该起到推动居民环保行为习惯养成的作用，在不需要外界帮助和监督的情况下就可以自觉参与环保，真正实现社区环保工作效果的可持续。

（六）进行社会监督，保障社区环保工作成效

社会服务机构在社区环保工作中可以发挥社会监督作用，促进社区物业和服务单位的自律建设。《中国绿色社区环保组织发展状况调研报告》显示，社会服务机构善于运用信息申请公开、调查研究、法律诉讼等方式进行末端监督，保障社区环保工作成效[10]。

与此同时，发挥社区社会组织的社区监督作用，提高社区居民的自律和互助意识，把环保条例有效地落实到社区、到家庭、到个人。社区社会组织的成员大多是社区居民，其他居民受成员的影响，更可能参加社区环保工作。在个案访谈中，有受访者表示，社会服务机构参与社区环保工作可以保证居民参与垃圾分类的效果，“居民碍于脸面，会对垃圾进行分类，时间长了就养成习惯”（社会服务机构个案4）。

四、社会服务机构参与社区环保工作的问题及成因分析

如上文所述，社会服务机构在社区环保中可以发挥多元作用。然而在现实生活中，机构参与社区环保工作的情况却不容乐观，主要存在以下三个问题。

（一）落地或寻找合作的社区困难，难以提供有效的社区环保服务

调研显示，在参与社区环保工作时，有37.7%的机构表示自己目前没有可以稳定开展服务的社区。有受访者表示，起初在联系社区的时候，“居委会和物业对我们都不了解，沟通起来比较费劲，会把所有的时间都消耗在沟通上”（社会服务机构个案1）。有受访者提到初创期机构最关键的一个问题就是联系社区，并取得社区的信任。“如果没有开展服务的社区，你说多少都是零。”（社会服务机构个案12）

导致这种情况发生的原因主要有三个：

一是机构缺少与社区建立联系的经验和技巧。当前参与社区环保工作的社会服务机构多处在初创期和发展期，与社区合作经验较少。在个案访谈过程中，有受访者表示，有些机构对社区居委会和物业的工作性质以及需求不了解，容易出现“从专业角度出发，只做与自己项目相关的内容，对于社区其他事务不关注、不配合的情况”（社会服务机构个案12），从而影响社区居委会和物业对社会服务机构的认同，导致双方合作不畅。

二是社区对机构的工作性质以及专业性认识不足。有受访者指出，刚开始“居委会和物业对我们都不了解，沟通起来比较费劲”（社会服务机构个案1）。也有受访者表示，有些社区将社会服务机构简单地理解为志愿组织，将社会工作者视作社区人力资源的补充，在对接社区的过程中要“反复花时间去解释为什么这里要收费，为什么要收这个价格”（社会服务机构个案6），这给社会服务机构扎根社区带来了较大的阻力。

三是社区环保项目的时间周期普遍较短，机构难以与社区建立密切联系，这极大地影响了社区环保工作的效果。有社会服务机构提到，由于项目周期短、项目资金少，能做的事情相对有限，自己只能“开展一些铺垫的活动，

等到以后再有机会合作时，再对社区深入进行了解”（社会服务机构 3）。

（二）缺乏社区环保工作能力和经验，社区动员效果较差

调研显示，50% 的机构是在 2019 年前后参与社区环保工作，54.1% 的机构每年开展社区环保活动不足 5 次。较短的社区环保参与时间以及较低的活动频次导致机构缺乏经验和能力的积累。

经验和能力的缺乏还表现在居民动员方面。调研显示，机构开展的社区环保活动辐射的人群相对有限，单次参与活动的人数较少（见图 1－10）。83.61% 的机构开展的单次活动影响人数为 50 人以内，34.43% 的机构开展的单次活动参与人数不足 10 人。

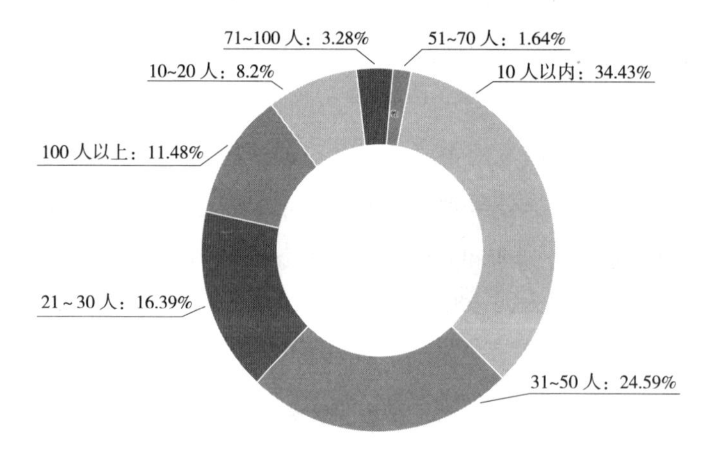

图 1－10　单次参加社区环保活动的人数

机构动员居民效果差也有客观的因素。比如，有受访者提到，现在人们的生活节奏和工作时间不同，很难在同一时间动员大量的社区居民参与。

> 昌平回龙观有一些白领自嘲为 IT 民工，你给他们开展活动，你不开玩笑的吗？人家已经没有休息时间了，然后你怎么跟人开展活动？他们连找对象都没有时间，还参加你社区垃圾分类的活动？这不太现实。
>
> ——社会服务机构个案 15

如前所述，社区动员本是社会组织的优势，这一优势一旦丧失必将进一步导致社区对社会组织的认同度降低。

我想让社会组织帮我动员居民参与活动，结果呢，他们（社会服务机构）说：我们对这个社区还不如你们了解，你们可以帮我们联系一下居民吗？结果他们（社会服务机构）没帮我，还得反过来我们帮他们。

——街道工作人员个案2

（三）工作效果局限于短期成效，难以建立长效机制

调研发现，机构参与的社区环保工作的内容和形式多样，工作短期成效显著，但效果难以长期保持。

个案访谈发现，机构在活动过程当中，居民的意识产生了一定的转变，表示自己已经认识到了社区环保的重要性，也愿意参与社区环保。然而经过一段时间后，这些参与过活动的居民还是会认为社区环保是专业人员该处理的事情，甚至认为“垃圾分类妨碍了自己的日常生活”（社会服务机构个案5），不愿意去进行分类。

这一结果就是居民行为的不可持续，即居民并未真正养成社区环保的习惯。在个案访谈过程中，有受访者表示：“在开展垃圾分类活动时，居民都表示听懂了、会做了，也表示会坚持进行垃圾分类。然而，活动一结束，居民就又恢复到以前不分类的状态。”（社会服务机构个案6）

导致社区环保工作效果难以长期保持的主要原因在于项目周期较短，难以长期开展项目。正如有受访者提到的，“理念和行为的形成都不是一朝一夕的事情”（社会服务机构个案6），如果不能持续性地开展社区环保工作，要实现环境和人的改变是比较困难的。

此外，当前社区环保工作成效的评估主要是结项评估，多采用活动的次数或参与的人数等作为衡量工作成效的标准。对于短期效果和量化指标的过分追求可能会导致社会服务机构对长远的改变关注不够。有受访者表示：“如果不连续做，那50次、100次活动其实效果也不大。”（社会服务机构个案6）

五、社会服务机构参与社区环保工作所需支持

如前所述，大部分社会服务机构存在成立时间短、规模小和资源少等问题，其参与社区环保的意愿和能力同样需要培育扶持。本次调查发现，机构

在参与社区环保方面需要的支持主要包括资金支持、政府支持、社区支持、人力资源支持以及培训机会支持5个方面。

（一）资金支持

调研显示，76.09%的机构表示需要资金支持，其中50%的机构认为获取资金困难。造成机构筹资困难的主要因素是针对社区环保项目的政府购买、基金会和企业资助的机会和数量少。同时，机构还需要以下两方面的支持：

1. 项目经费与项目任务量相匹配

除了缺少获得社区环保经费的机会，已有的项目支持中，项目经费普遍偏少，且与项目任务量严重不匹配，导致承接项目的机构入不敷出，难以使服务更精细和更深入。有受访者表示："我们当时做了10个社区，只有10万元的经费，而每个社区都有一两万的人口。这个项目只能是前期的一个铺垫，把队伍拉起来是我能做到的，但是做精做细，我们做不到，因为这个钱和这个时间都不允许。"（社会服务机构个案3）

2. 更多的筹资信息及渠道

调研显示，社会服务机构参与社区环保活动的资金来源较为单一，主要依赖政府购买服务，它占比49.8%。企业赞助、服务收费、基金会资助和公众捐款等渠道加起来仅占30.42%。在访谈中，有机构提到，近几年在新冠疫情的冲击下，筹款途径更少了。"像基金会，包括一些企业，平时的支持就不多，其他资金来源就更少了"（社会服务机构个案9），"雪上加霜"的情况让机构参与社区环保工作更加缺乏资金。

（二）政府支持

与一般的民生服务不同，以垃圾分类为主体的社区环保工作需要政府强有力的支持。根据问卷调查，73.91%的机构认为，自己需要政府支持，具体所需支持内容主要体现在资金支持、免费或优惠使用的场所、有效落实相关政策、引荐落地或合作的社区等方面（见图1－11）。[①]

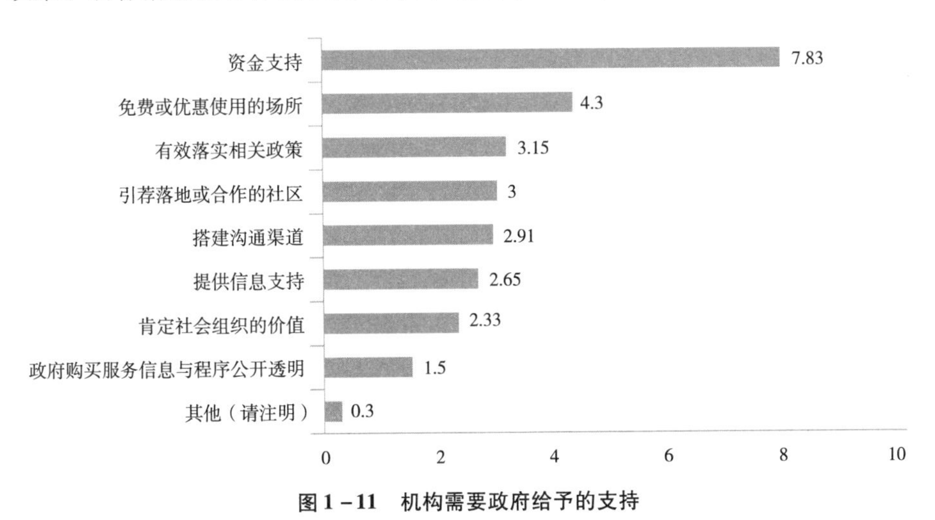

图1－11　机构需要政府给予的支持

1. 政府购买服务

机构对政府购买项目需求程度很高，同时机构需要项目资金预算中允许有明确的款项支持机构自身发展。以垃圾分类为例，由于企业可以高效集中分类清理垃圾，短期内见效较快，导致资金大规模流向垃圾处理企业，交给社会服务机构的社区环保项目较少。有受访者指出："一些项目会主要打包给垃圾清运公司做，比如说，多少小区的多少个垃圾桶，每天运送有多少趟，这种工作有的时候跟垃圾分类教育和倡导员的培训是放在一起的。"（社会服务机构个案15）这导致社会服务机构只能以单一的活动形式开展一些社区环保工作，限制了机构优势的发挥。

就资金分配而言，政府购买服务的经费中，项目的管理费用和人力成本限制较为严格，难以支持机构自身成长。对于一些机构来说，政府的购买项目就是他们业务活动和生存的全部经费来源。在筹款来源有限的情况下，机

---

① 排序题的选项平均综合得分是根据所有填写者对选项的排序情况自动计算得出的，它反映了选项的综合排名情况，得分越高表示综合排序越靠前。计算方法为：选项平均综合得分＝（Σ频数×权值）/本题填写人次。权值由选项被排列的位置决定。例如有3个选项参与排序，那排在第一个位置的权值为3，第二个位置权值为2，第三个位置权值为1。例如，一个题目共被填写12次，选项A被选中并排在第一位置2次，第二位置4次，第三位置6次，那选项A的平均综合得分＝（2×3＋4×2＋6×1）/12＝1.67分。以下排序题同理。

构自身难以可持续发展，给工作团队的稳定运营造成了挑战。有受访者提到，“资方是希望我们把更多的钱花在社区居民身上或者社区的这种服务对象身上，但是这样会导致社会服务机构终日为筹集项目经费维持自身运作而奔波”（社会服务机构个案6）。同时，项目只购买服务而忽视了团队专业能力的提升，也会导致机构难以持续提升专业能力，无法满足社区环保服务的需求。

2. 提供免费或优惠的场所

在机构初创期，各种资源都是相对短缺的，其中租赁办公和服务场地的成本是机构运营的主要成本之一。受访者表示，政府可以协调各类公共空间为社会服务提供免费或优惠活动空间开展社区环保工作。

> 刚开始的时候，租一个办公室对我们来说都是很困难的，特别是会议室。因为有时候是想约别人过来开会，有些（会议）是很重要的，但是它自己（社会服务机构）没有一个像样的会议室。
>
> ——社会服务机构个案6

3. 引荐落地或合作的社区

对初创期的机构而言，对接社区是比较有挑战的一件事情，尤其是在没有政府背书的情况下，陌生拜访的失败率相对较高。有受访者表示：“如果政府能背书的话，就相对来说会好很多。”（社会服务机构个案1）

4. 政策支持

问卷调查显示，机构最需要的是促进社区与社会组织合作开展社区环保服务的政策，其次是促进政府购买社会组织参与社区环保服务项目的政策。从这两项政策需求中不难看出，社会服务机构最核心的诉求依旧在与社区建立联系以及解决资金问题上（见图1－12）。

（三）社区支持

调研显示，71.74%的机构认为自己需要落地或合作的社区。在获得落地合作的社区中，最大的挑战则是动员居民参与（见图1－13）。这背后需要社区与机构合作，同时在两个方面作出改变。

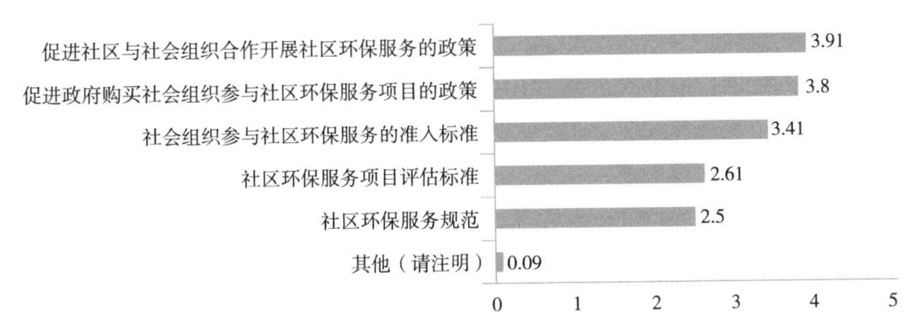

图1－12　社会服务机构需要的政策支持

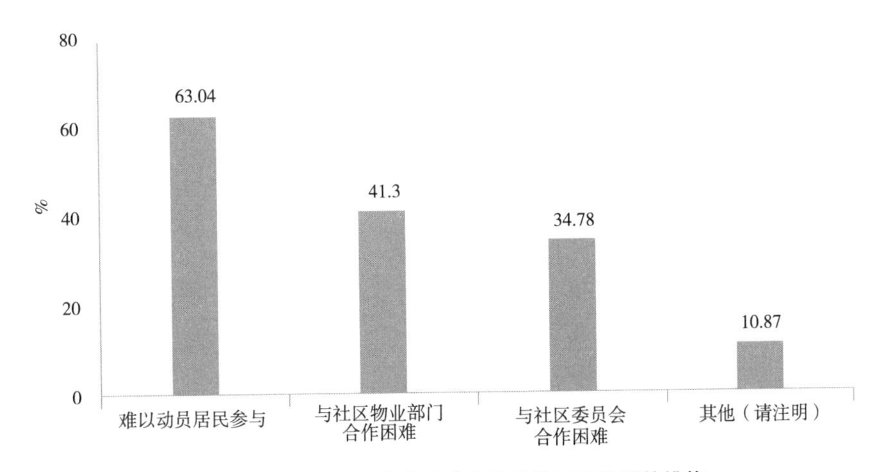

图1－13　机构在寻找落地或合作的社区时遇到的挑战

1. 平等的对话机制

机构需要获得与社区平等对话的机会。有受访者提到，在与社区沟通时，有社区认为："社会服务机构是它的附属物，需要按照社区的要求加班、工作。"（社会服务机构个案10）这种自上而下命令式的沟通方式，不利于合作伙伴关系的建设，也不利于机构专业功能的发挥。

2. 与工作内容匹配的项目周期

机构需要与工作内容相匹配的项目周期。一方面，因为实现社区居民思想行为转变需要长时间的工作；另一方面，机构也需要稳定的项目周期检验项目效果、总结经验，摸索自己的发展模式，形成自己的服务品牌。而当前，社区工作繁杂，往往会将精力和资源投入即时的热点和重点工作中，但这类工作变换节奏快、项目周期短，导致机构和社区之间的供给需求不对等，机构疲于应付社区为完成上级任务而提出的要求，项目成效较差。在个案访谈中，有受访者提到，“有任务（社区环保工作）压下来时，就希望社会服务机构可以迅速完成这个任务，而社会服务机构希望可以慢慢地、系统地开展工作，这就出现了一个矛盾”（政府工作人员个案1）。

（四）人力资源支持

调研显示，73.92%的机构表示自己在参与社区环保工作中需要人力资源支持。其中，最需要专业技术型工作人员和志愿者（见图1－14）。

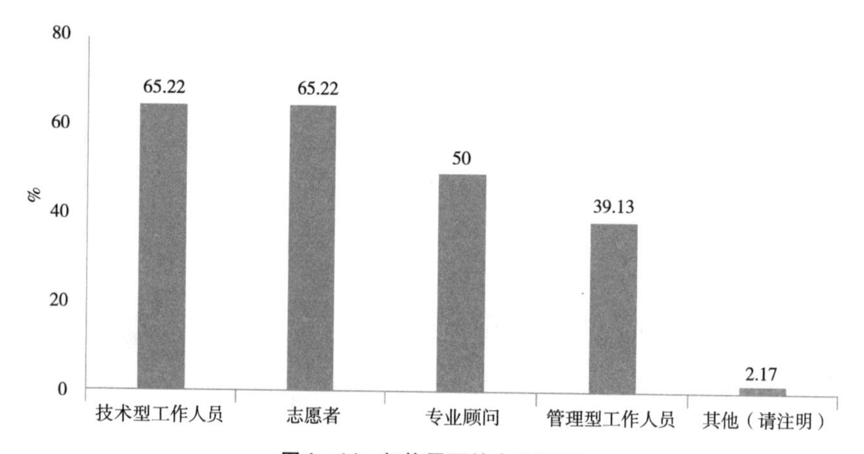

图1－14　机构需要的人力资源

1. 技术型工作人员

技术型工作人员主要指可以开展社区环保专业服务的工作人员。如前所述，当前机构多为中小型机构，全职员工少。个案访谈中，有受访者提到，由于全职员工少，员工往往“身兼数职”（社会服务机构个案1），相较于管理型工作人员，技术型工作人员更少。

同时，由于机构公益性的特点，全职人员的工资主要来源于承接的项目，一方面项目都会把人员经费控制在较低的额度；另一方面机构承接项目收入并不稳定。近两三年，在新冠疫情的影响下，包括政府、企业和基金会的资金多流向抗疫服务，对其他的服务项目的购买或资助有所减少，影响了机构服务的持续开展和机构人员的稳定性。

2. 志愿者

在个案访谈中，有受访者提到，志愿者对于社会服务机构参与社区环保工作是十分重要的。社区环保工作“比较烦琐”，志愿者的加入很大程度上可以缓解机构的人手不足。然而，有受访者提到，“社区环保工作其实是很难做的，比如桶前值守，（冬天）又冷又累”（社会服务机构个案4），招募志愿者是一件很有挑战的事。因此，社会服务机构特别需要有社区环保经验的志愿者参与。“志愿者培育比较费工夫，如果有相关（专业）背景的话，可能会很快上手，可以节省机构的人力成本。”（社会服务机构个案15）

（五）培训机会支持

调研发现，社会服务机构在参与社区环保中需要的培训包括：筹款能力培训、项目管理培训、宣传推广培训、社区动员培训、环保理念培训、垃圾分类技能培训、政策倡导培训、垃圾分类之外的社区环保技能培训、志愿者管理培训以及组织管理培训（见图1－15）。在个案访谈中，有受访者提到，社会工作方法培训也是参与社区环保工作中需要的。

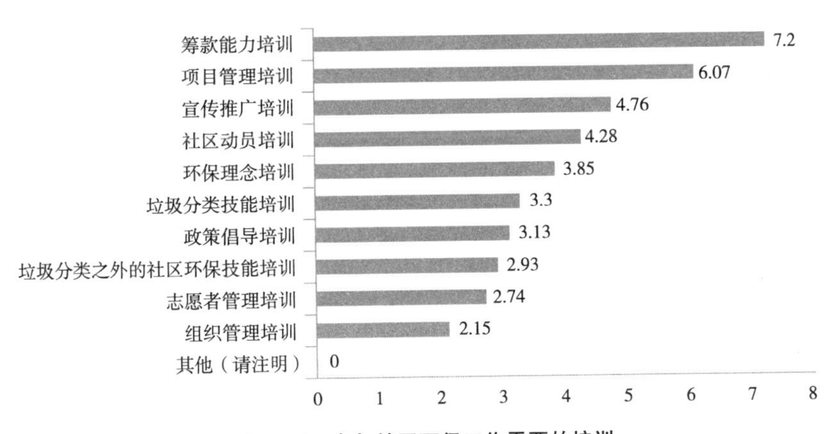

图1－15　参与社区环保工作需要的培训

1. 筹款能力培训

机构的资金诉求从本质上讲是生存发展的需求。作为生存发展的核心，资金问题在本次调查中被反复提及。个案访谈中，有受访者提到自己在筹款技术方面还需要一定的提升。“感觉人员的筹款能力确实不到位，不是有了机会，我们就能抓住的”，所以对于“如何在拿到足够钱做有意义的事上，我们还是要提升的”（社会服务机构个案10）。

2. 项目管理培训

社区环保工作多以项目制的形式开展，项目管理能力很大程度上影响着社区环保工作的成效。有受访者提到，当前机构在参与社区环保工作中的项目管理能力还不够成熟，“项目管理能力的提升需要一直坚持进行，管理能力需要持续精进”（社会服务机构个案15）。

3. 宣传推广培训

宣传推广培训也是社会服务机构迫切需要的。宣传推广既是社区环保工作中社区教育和社区动员的主要手段，也是促进社会组织提高自身影响力的重要手段，受到越来越多的机构的重视。有受访者表示，自己受益于到位的宣传倡导，也有受访者表示优秀的宣传让越来越多的人了解他们的工作。

> 有一家机构，是做废品回收的。我们做完第一场，活动就发了个推文，这个机构的人看到了之后就主动跟我联系，说下一次我们要办的话可以跟他们一起合作，他们可以帮我们把那回收好的东西去对接给有需要的地方。
>
> ——社会服务机构个案1

4. 社会工作方法培训

在个案访谈时，机构还提到需要社会工作方法方面的培训。社会工作作为应用科学，经过100多年的发展，已经形成了一套通用服务模式，如个案、小组和社区等社会工作方法，是机构系统提升专业服务能力的重要支撑。有受访者表示，尽管当前参与社区环保工作的机构都在努力提升自己的工作能力，但是“大多数机构都是从‘草根’过来的，对于社会工作的工作方法等，还不是太专业，应该提高一下”（社会服务机构个案3）。

六、促进社会服务机构参与社区环保工作的建议

随着垃圾分类工作的推进，社区环保工作亟须“破圈”，除了环保类社会

服务机构，还需要更多的社会服务机构参与其中。综合分析社会服务机构在社区环保中发挥的作用、面临的挑战及需要的支持后，我们认为，需要机构、社区和政府三方携手，共同促进机构在社区环保工作中发挥专业作用。

（一）对社会服务机构的建议

社区是社区环保工作的落脚点，是社会服务机构最重要的合作方。社区作为各类主体的生活共同体，作为政府治理基层的重要抓手，有其工作特点。社会服务机构在参与社区环保工作中，一要明确自身使命和定位；二要提升服务专业水平，“练好内功，守住原则”，才能更好地发挥专业优势。

1. 加强社区环保能力建设，提升服务专业水平

（1）明确使命和定位。

社会服务机构应当明确自身的使命和定位，结合使命和定位明确自己在社区中的角色以及在社区环保中可以发挥的作用，知道“我是谁”，才能协调好与重要“他人”——街道和社区的关系。

（2）提升自身专业水平。

社会服务机构应当积极组织参与各类培训，学习与社区环保相关利益方沟通的技巧，掌握贴合居民特点的社区动员方法，根据不同对象选择不同的工作方法，以加深各方之间的理解，推动各方有效合作。同时，机构也应对社区环保工作经验进行总结梳理，不断改进和优化服务，更好发挥自身的专业价值。

（3）加强社区环保人才队伍建设。

社会服务机构参与社区环保工作需要专业的人才来保障。因此，首先，机构应重视组织内部的人才培养，通过培训、交流，提升工作人员的专业水平。其次，机构也要重视志愿者团队的建设，专业的志愿者团队可以帮助机构缓解人力资源不足的问题。同时，对社区在地志愿者的培养也是构建可持续社区环保机制的重要基础。

2. 建立科学的服务评估机制，不断改进服务质量

（1）建立科学的需求评估、过程评估和总结评估机制。

本次研究发现，社会服务机构的优势是以需求为导向设计和开展服务，

该优势的发挥取决于社会服务机构能否建立科学的服务评估机制，包括项目开展前的需求评估、项目进行中的过程评估以及项目结束后的效果评估。

为了更好地发挥社会服务机构的社区需求评估优势，机构应建立科学的需求评估机制。通过需求评估，发现居民的真实需求并进行记录、整理与分析，根据居民需求有针对性地开展社区环保工作，以提高社区居民的参与度与参与效果。

健全的过程评估机制可以帮助机构在活动中发现问题并及时修正，持续推进项目朝正确的方向进行，保证工作的成效。

项目结束后的总结评估可以帮助机构了解项目最终效果是否符合预期，可以为机构的经验积累和能力提升提供参考，也是机构对外宣传推广的重要材料。

（2）采用多样化的评估方式。

社会服务机构要采取多样化的评估方式，包括自我评估、第三方评估、居民参与式评估等，同时也要采用不同的评估标准全方位衡量社区环保工作的效果，了解当前工作的不足，有针对性地进行调整和改变，提升社区环保工作效率。而居民参与式评估则有助于培育居民的参与意识和能力，有助于建设开放而专业的组织文化，促进社区和机构的可持续发展。

3. 建立多方合作机制，提升资源整合能力

（1）建立良好的联系合作制度。

本次研究发现，协调利益相关方参与是社会服务机构的重要功能。社会服务机构应建立良好的外部联系制度。第一，要将与政府的联系常态化。社会服务机构可以定期与政府部门联系，在传递居民环保需求的同时，也要反馈自身的发展需求。第二，要与其他机构建立联系合作机制。社区环保工作涉及多个专业和部门，组织之间的相互联系有助于资源的流通和利用。第三，要与社区居民建立联系合作机制。与居委会和居民建立常态化联系便于机构有效组织社区环保工作，提高组织的公信力。

（2）提高筹资与资源整合能力。

社会服务机构要加强筹资能力建设。研究发现，社会服务机构参与社区环保工作的资金主要来自政府，活动开展受政府政策影响较大。所以社会服

务机构应当积极争取政府支持。同时拓展其他资金渠道，如基金会、企业和社会捐赠等。另外，社会服务机构应积极发掘、对接和整合包括场地空间、志愿者和物资设施等社区内外部资源，以缓解机构面临的资源短缺问题。

（二）对社区的建议

本次研究发现，社会服务机构在推动社区环保方面可以发挥多元的专业功能，但寻找落地或合作的社区困难，是导致机构难以提供有效的社区环保服务的主要阻力。进入社区开展工作需要获得社区的支持，机构的登记注册管理单位在市级与区级民政部门，而社区则隶属于街道，社会服务机构对于社区而言是“陌生人”，社会服务机构落地社区开展社区环保服务缺乏常态化的对接渠道和机制。因此搭建社区与社会服务机构之间常态化的对接渠道与机制，对做好社区环保工作具有重要的影响。

1. 建立对话交流机制，提升合作能力

（1）了解社会服务机构特点。

社区要增强对社会服务机构的认识，了解它的特点。社会服务机构作为非营利组织，在社区环保活动中，最终目的与社区的根本利益一致，在社区环保活动中发挥专业作用。社区应该认识到社会服务机构的优势，欢迎而非拒绝社会服务机构参与社区环保工作。

（2）建立平等对话机制。

社区要建立起与社会服务机构平等对话的机制。社会服务机构作为参与社区治理的主体之一，需要社区以平等的、开放的态度对待，尊重其法人自治性和自主性，帮助它们发挥专业优势。同时，也建议社区借助社会组织支持平台，公开收集所辖区域已开展社区环保工作的社会服务机构信息，整理形成服务名录，由民政部门牵头对接街道和社区，助力社会服务机构落地社区。

2. 构建“三社联动”机制，发挥社区平台作用

（1）发挥社区的平台作用。

传统意义的社区已经分崩离析，任何单一的服务主体都无法回应日趋多元的社区需求，社区、社会工作者和社会组织作为社区治理的三大主体，能

否优势互补形成服务合力，关系到社区治理体系的构建质量。[12]社区环保工作应积极落实《民政部　财政部关于加快推进社区社会工作服务的意见》，按照“政府扶持、社会承接、专业支撑、项目运作”的思路，探索建立以社区为平台、社会组织为载体、社会工作专业人才队伍为支撑的“三社联动”新型社区服务管理机制。在社区环保工作中，社区应当有效发挥平台作用，由直接服务居民转向通过整合配置社区资源，支持、引导和监督社会服务机构和社会工作者开展联合服务，推动各方力量参与社区环保活动。

（2）培育社区社会组织。

社区是由一个个居民构成的，社区环保工作能否成功，取决于社区居民的参与。社区社会组织是社区居民实现社区参与的主要载体，社区居委会除了积极与机构开展合作外，还应与机构一起发现和培养居民骨干，加强居民的自我服务和参与能力；鼓励居民参与社区建设，参与社区社会组织管理，拓展社区环保工作的参与空间。[13]

（三）对政府的建议

以垃圾分类为主的社区环保工作是首都特大城市治理中的“关键小事”，是北京市委、市政府长期主推的一项重点工作。要做好社区环保工作必须协调多个部门利益主体，发挥党建引领和政府主导的作用，通过制定政策，创造可操作的支持性的政策环境，让社会服务机构更积极主动地参与垃圾分类工作，创建社会治理多元共治的局面。

1. 承认社会组织的参与价值，加大政策扶持和社会宣传力度

本次研究发现，现有的政策对社会组织在以垃圾分类为主体的社区环保工作中发挥作用没有明确的界定，这让社会服务机构缺乏与社区基层部门联动的依据。在基层落实具体工作时，往往取决于居委会和街道对社会组织的了解和理解程度。此外，尽管一些机构已经在社区环保工作中摸索出了经验，得到了各利益相关方的认可，但这些经验并没有得到有效的宣传推广，还有很多社区部门对社会服务机构的了解依然停留在提供志愿服务、暂时补充人力的层面，而未能认识到其专业作用。

因此，一是要有促进社会组织参与社区环保的政策，明确社会组织的角

色作用，让各级政府部门和社区意识到社会服务机构参与的重要性，减少社会服务机构参与社区环保工作的阻力。二是要加大宣传社会服务机构参与社区环保的力度，增强街道和社区对社会服务机构的认同与接纳。三是业务主管部门可以推动社会服务机构参与社区环保案例的编写工作，宣传推广典型案例和优秀经验。

2. 积极畅通社会组织的参与渠道，方便机构对接社区

政府可以组织或委托支持性平台组织开展社区环保资源对接会、项目洽谈会等活动，并形成长效推介机制。业务主管部门应向街镇和社区推送社会组织名录，动员社会服务机构到属地社区居委会报到。同时，应促进社区和社会服务机构的双向对接，建立社区需求和社会服务机构服务供给对接机制，动员社会服务机构结合自身优势，积极参与本社区垃圾分类等基层治理工作。通过建立双向对接机制，畅通社会服务机构参与渠道。

3. 加大购买服务力度，扶持培育社会服务机构发展

目前，无论是从数量上还是质量上，社会服务机构还远远不能满足社区治理的需要。当前及未来相当长一段时期，需要政府加大购买服务支持力度，不仅让社会服务机构更好地承接开展社区环保工作，更要通过购买服务扶持培育社会组织，构建社会协同、公众参与的治理格局。

（1）加大购买服务项目的数量。

本次研究发现，社会服务机构注重激发在地力量，发动居民参与，从意识层面提高居民对垃圾分类的认知，并通过各种方法培养居民养成垃圾分类习惯，从而使社区环保工作可持续，但这个过程需要投入大量的专业力量，需要充足的资金保障。以垃圾分类项目为例，目前大部分社区环保项目承接方主要是企业，项目资金多用于垃圾分拣工作。如果没有持续的项目资金支持，则意味着生活垃圾分类可能面临着倒退。

因此，建议适当增加相应的财政拨款，增加政府购买社会组织承接社区环保服务项目的数量和资金额度。其中，民政部门可以联动相关部门，制定社会组织参与垃圾分类服务购买指导目录、引导基金会和企业投入资源，促进更多社会服务机构参与社区环保工作。

（2）合理设置项目周期。

本次研究发现，当前社会服务机构承接的社区环保项目大部分资金量小、周期短，不足以开展持续性的深度服务，这容易导致社会服务机构的工作成果得不到巩固和发展，从而被认为缺乏成效或成效不明显。社区环保所需要的人的意识培养与行为改变则是一个长期的过程。

因此，建议政府部门购买服务项目应根据项目目标合理设置项目周期，保障参与项目实施所必需的人员费用和管理费用，重视考核项目实施质量而不仅是活动数量，推动社会服务机构深度参与社区环保工作。

参考文献

[1] 吕斌．可持续社区的规划理念与实践［J］．国外城市规划，1999（3）：2－5.

[2]［8］［10］中国绿色社区环保组织发展状况调研报告［R］．北京：合一绿学院，2018.

[3] 北京市生活垃圾管理条例［EB/OL］．https://www.bjmu.edu.cn/docs//2020－05/7880002153f24bccaa0344f292ab8a3f.pdf，2019－11－27.

[4] 北京市协作者社会工作发展中心．专家云课堂首讲深度解读垃圾分类最新政策［EB/OL］（2020－05－20）［2023－02－15］．http://www.chinadevelopmentbrief.org.cn/news－24214.html.

[5] 中国社会组织公共服务平台［EB/OL］．http://www.chinanpo.gov.cn/index.html，2020－01－31.

[6] 民政部就《民办非企业单位登记管理暂行条例（修订草案征求意见稿）》公开征求意见［R］．北京：中华人民共和国民政部，2016.

[7] 中国民间垃圾议题环境保护组织发展调查报告［R］．北京：合一绿学院，2015.

[9] 牛晓东．社会组织参与城市治理机制研究［D］．天津大学，2015.

[11]［12］［13］李涛．三社联动：社会组织与社区、社会工作互动机制建设——来自北京市东风地区“三社联动”试点项目的实践与思考［C］．中国社会组织报告．北京：社会科学文献出版社，2018.

第二章
赋能社会组织，助力可持续社区环境建设
——“公益1+1之绿缘计划”行动研究报告

北京市协作者“绿缘计划”项目研究课题组①

一、引言

2022年，党的二十大报告提出，2035年我国“基本实现国家治理体系和治理能力现代化”。社会组织参与社会治理是我国社区建设的重要内容，更是国家治理体系和治理能力现代化的重要体现。生活垃圾治理工作作为社区环境建设的重要一环，因其与广大社区居民日常生活息息相关而受到多方关注。近年来，北京、上海、广州等大城市纷纷响应国家发改委、住房和城乡建设部关于生活垃圾分类的政策号召，[1]在社区推行生活垃圾分类工作。2020年5月，北京市相继发布实施新版《北京市生活垃圾管理条例》《北京市居住小区垃圾分类实施办法（暂行）》《北京市垃圾分类收集运输处理实施办法（暂行）》，明确垃圾分类的责任主体和参与各方的职责，支持和鼓励各类社会组织参与开展社区生活垃圾治理工作，为社会组织参与社区环境治理工作提供了政策依据。

2020年6月，北京市协作者在北京市社会组织管理中心的指导下，发起“公益1+1”资助行动，旨在支持扎根社区提供民生服务的社会组织，建设良性的公益生态。秉持“相信伙伴的力量，相信协作的力量”的理念，遵循

① 北京协作者“绿缘计划”项目研究课题组成员包括：李涛，北京协作者主任；李真，北京协作者常务主任、督导；杨玳瑁，北京协作者专业支持部主任；单焱斌，北京协作者研究倡导项目官员；刘倩，北京协作者项目部主任。

“一个前提，两个明确，两个不限，两个鼓励”的资助原则①，充分整合政府的政策优势、支持性社会组织的平台优势、基金会的资源优势和社会服务机构的行动优势，携手服务困弱人群，构建政府提供政策指导，基金会提供资源支持，支持性组织提供专业支持，社会服务机构专注于搭建的公益生态链，以实现打造资源共享、伙伴共生、价值共创的公益新生态目标（见图1-16），从而推动社会组织有效地参与社区治理。

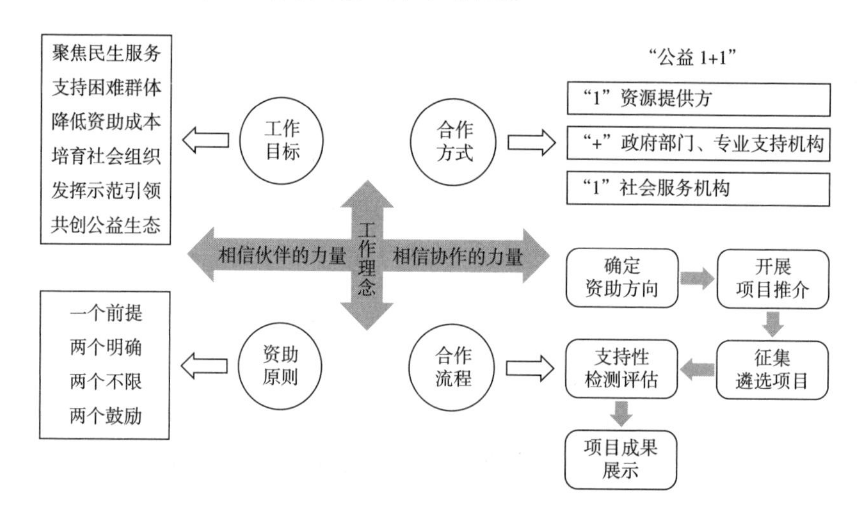

图1-16 “公益1+1”工作模式图

在社区环境保护领域，北京协作者是怎样支持社会组织参与垃圾分类治理工作的？具体方法如下：一是搭建社会组织与政府管理机关关于环保议题的对话沟通渠道，多次邀请环保组织代表、政府部门代表、专家及社区代表开展研讨，交流先进经验与创新性做法；二是开展社会组织环保能力建设活动，联合自然之友、社会组织支持平台，启动社会组织参与垃圾分类助力计划，邀请专家开设“垃圾分类十讲”课程；三是链接资源，合理配置，支持草根社会组织开展活动，联合北京市企业家环保基金会、阿拉善SEE华北项目中心、零废弃联盟共同开展“小额资助”支持草根社会组织参与垃圾分类

① “公益1+1”资助行动秉持的“一个前提，两个明确，两个不限，两个鼓励”基本原则，即在确保合理有效的前提下，协助企业、基金会、个人等资助方明确资助方向和服务对象，面向社会服务机构发布资助项目，不限定服务方式和资金用途，遴选优质服务伙伴，鼓励自主创新，鼓励可持续发展。信息来源：https://mp.weixin.qq.com/s/lWe0yE6XTCshjU2x8X_cRQ.

试点工作。在此基础上，2020 年 12 月，万科公益基金会与北京协作者联合发起“绿缘计划”。

“绿缘计划”一方面在“公益 1 + 1”资助行动框架下，通过专业支持和资金资助，支持社会组织参与垃圾分类等可持续社区环境建设；另一方面，依托项目开展行动研究，探索能系统地赋能社会组织参与可持续社区环境建设的有效方法。

“绿缘计划”结合“基线调研与社会倡导—项目征集与前期赋能—项目实践与过程赋能—项目总结与评估赋能”的四个实施阶段，展开行动研究，对北京市社会服务机构参与可持续社区环境建设现状与需求开展基线调研，为“绿缘计划”支持和赋能社会组织提供依据；对“绿缘计划”项目实践与相关方联动等进行研究，评估和总结经验与教训，为“绿缘计划”的进一步完善与推广提供依据。

二、研究背景

（一）“绿缘计划”为什么要关注可持续社区环境建设

可持续社区理念主要基于 1987 年世界环境与发展委员会（WCED）提出的涵盖生态、社会和经济可持续发展概念，其核心包含：1）对人与自然和谐统一关系的肯定；2）对社区归属感以及公众社会参与的强调；3）对生活品质和有效利用自然资源的追求。[1]

在国内，可持续社区多被称作“生态社区”或“绿色社区”等，主要是指具备了一定的符合环保要求的硬件设施、建立了较完善的环境管理体系和公众参与机制的社区。[2]可持续社区环境建设是一个相对宏观的概念，涉及环境保护、社区营造等多重内容。本报告中的可持续社区环境建设，主要指社区环保工作，偏重于社区环境保护，主要涉及垃圾分类、垃圾减量、节能、节水、新能源建设等内容，本报告中用“社区环保”作为其简称。

近年来，随着人们生活方式的转变，生活垃圾增长迅速成为社会突出的环境问题。住房和城乡建设部调查显示，我国城市垃圾堆存累计侵占土地 500 平方千米，25% 的城市没有合适的场所堆放垃圾，66.67% 以上的城市被垃圾包围。而在这些城市垃圾中，城市居民生活产生的垃圾占总量的50%以上。[3]

而垃圾的分类，能够减少垃圾对空气、土地和水源的污染，减少垃圾对土地的侵占，提高垃圾资源化利用，促进资源的循环和人居环境的可持续发展，是社区环保工作的核心内容之一。

我国自2000年开始出台生活垃圾分类试点政策，近几年，又出台了多份生活垃圾分类的指导政策，生活垃圾分类工作进入快速发展阶段。生活垃圾分类的成效，成为衡量城市治理水平的标准之一。然而，虽然我国居民生活垃圾分类的政策数量快速增加，政策范围逐步扩大，政策规则不断细化，政策强制性不断提升，垃圾分类的覆盖率持续提升，垃圾分类监管体系初步形成，垃圾分类保障体系也逐步健全，但总体而言，我国居民生活垃圾分类工作尚处于起步阶段，垃圾分类形势依然严峻。具体表现为居民垃圾分类意识不足、居民垃圾分类知识匮乏、社区垃圾分类标准不统一、垃圾分类设施不完善、垃圾分类清运不规范、垃圾分类监管体系不健全。[4]我国垃圾分类在落实城市主体责任、推动居民习惯养成、加快分类设施建设、完善配套支持政策等方面还存在不少困难和问题。[5]

社区是我国居民生活的重要场所，从社区层面介入从而影响居民垃圾分类等环保认知和行为，是突破我国垃圾分类等社区环保治理困境的有效路径。①

现实中，虽然国家倡导垃圾分类，但很多地方并未足够重视垃圾分类这一工作，而其下辖的社区居委会一方面因工作繁杂；另一方面在垃圾分类与社区环保方面的理念与知识比较缺乏，对垃圾分类大多做些“面子工程”，并没有将这项工作落到实处，[6]更未形成长效稳定的介入机制。

在居民尚未形成垃圾分类等环保意识和习惯之前，社区垃圾分类与环保等社区可持续环境建设需要第三方专业环保组织的长期介入，倡导和协助居民培养垃圾分类的意识和习惯。但国内具有垃圾分类与环保专业知识和能力

① 住房和城乡建设部等部门印发《关于进一步推进生活垃圾分类工作的若干意见》的通知，http://www.gov.cn/zhengce/zhengceku/2020-12/05/content_5567136.htm.

国务院办公厅关于转发国家发展改革委、住房和城乡建设部生活垃圾分类制度实施方案的通知，http://www.gov.cn/zhengce/content/2017-03/30/content_5182124.htm.

的环保组织数量较少，不足以满足当前社区垃圾分类等环保工作的需求。[7]

而其他活跃在社区、居民服务与动员能力较好的非环保类社会组织，因环保专业知识、能力和信心的不足，在社区垃圾分类等社区环保领域的潜力未能得到基层政府与社区的重视。因此，社区垃圾分类等社区环保工作在居民层面的介入陷入了覆盖率不高、专业性不足、难以持续的困境。

（二）社会组织参与社区环保的必要性

社会组织以公益或互益为目的，有社会团体、基金会、社会服务机构等三种形态。① 社会服务机构，也即民办非企业单位，是在民政部门登记的法人社会组织，通常是具体运作慈善项目，直接面向特定社群开展服务，主要功能是社会服务。社区社会组织是指以城乡社区居民为主，因兴趣爱好、服务诉求、社会融合等不同需要而自发组织起来的，未达到法人社会组织登记条件，但在镇（街道）备案的群众性社团组织。社区社会组织在城乡社区开展为民服务、公益慈善、邻里互助、文体娱乐和农村生产技术等活动。

非环保类社会服务机构和社区社会组织的服务领域广泛，服务方法多样，虽然缺少环保类组织的深入性和专业性，但他们直接回应社区各类居民的特定需求，并与各类居民建立了长期且稳定的服务关系，这些居民既是社区环保的主要受益者，也是社区建设的重要参与者。

“绿缘计划”资助的社会组织主要是社会服务机构和社区社会组织。本文在没有特别说明的情况下，社会组织均指社会服务机构。

社区环保一方面既与居民生活质量息息相关，另一方面又与社会治理的精细化程度相关。而作为构建现代社区治理和环境治理体系的专业力量社会组织参与社区环保，不仅有助于改善居民的生活方式，更有助于社会治理方

---

① 中华人民共和国慈善法，http://www. gov. cn/zhengce/2016 –03/19/content_5055467. htm.
基金会管理条例，http://www. gov. cn/zhengce/2020 –12/27/content_5574632. htm.
社会团体登记管理条例，http://www. gov. cn/zhengce/2020 –12/26/content_5574295. htm.
民办非企业单位登记管理暂行条例，http://www. gov. cn/zhengce/2020 –12/26/content_5574294. htm.
登记管理暂行条例拟修订　民办非企业单位将更名为社会服务机构，http://www. gov. cn/xinwen/2016 –05/26/content_5077129. htm.

式的改善和转变。本次研究表明，社会组织在垃圾分类、垃圾减量等社区环保工作中可以发挥社会教育、能力建设、专业引领、服务创新、行业监督、资源整合、倡议动员的作用。[8]近几年国家和北京市出台的垃圾分类等相关条例也明确指出，要支持和鼓励各类社会组织参与开展生活垃圾分类投放宣传、示范等社区生活垃圾治理工作。

北京协作者和万科公益基金会一致认为，良好的生态环境是最普惠的民生福祉，构建生态文明需要秉承可持续的发展理念。社区是居民最主要的生活场景，推动社区环保是人民群众需要共同参与和共同享有的事业。社区垃圾分类工作是社区环保的组成部分，本质上也是社会治理的内容。面对垃圾分类等社区环保工作的问题，如果找到促进广大社会组织有效参与的方法，将能带动更广泛、更持久的社区环境的改善，也能推动社会治理的多元主体共治局面的发展。基于此，北京协作者和万科公益基金会联合发起“绿缘计划”，以资金资助和专业赋能的方式，探索系统支持社会组织参与社区环保工作的有效方法。

2020 年 12 月，“绿缘计划”研究团队先期开展的“公益 1 + 1 之绿缘计划——北京市社会服务机构参与可持续社区环境建设（社区环保）基线调研”（以下简称“基线调研”）也验证了社会组织参与社区环保的必要性和重要作用：1）发挥评估社区需求的作用，保障社区环保工作的针对性；2）发挥社区动员的作用，促进利益相关方参与；3）发挥政策倡导的作用，推动社区环保政策完善和落实；4）发挥服务创新的作用，提升居民参与积极性；5）发挥社区教育的作用，促进社区环保效果可持续；6）发挥社会监督的作用，保障社区环保工作成效。[9]

“绿缘计划”基线调研还发现，75. 58% 的社会服务机构有意参与垃圾分类等社区环保工作，它们主要活跃在社区发展（57. 38%）、儿童和青少年（47. 54%）、老年（45. 9%）等与社区居民关系密切的服务领域[9]。

“绿缘计划”基线调研也发现，社会服务机构认为自己在社区环保工作中的优势主要有：1）长期扎根社区，有社会公信力；2）直接服务居民，了解居民需求；3）有志愿者资源，人力资源相对充足，且 42. 96% 的社会服务机构已零散参与过社区环保工作，88. 52% 的社会服务机构曾参加过垃圾分类工作；67.21%的社会服务机构曾参与过社区环保专业培训，内容主要涵盖政策学习、环保教育和环保宣传[9]。这表明，已有相当一部分社会服务机构有过社区环保工作的经历。

同时，社会组织参与垃圾分类等社区环保方面的局限也非常明显，主要表现在：1）社会组织参与社区环保工作的专业性和信心不足，大量的社会组织在这方面没有直接工作的经验，专业技术人才非常缺乏，也没有在这方面深耕，这导致专业性不足，同时影响到参与的信心；2）没有建立起良好的公益生态环境，社会组织自身也存在可持续发展困境，缺乏参与垃圾分类等社区环保工作的支持条件。

北京协作者和万科公益基金会认为，一方面，要看到社会组织特别是非环保领域社会组织介入社区环保领域的局限；另一方面，应相信他们在社区环保与社区可持续环境建设领域的潜能。

因此，社会组织参与社区环保存在巨大空间，如何支持和发掘社会组织的潜能，推动其参与社区环保，进而形成广泛的社区参与机制，将是推动社区垃圾分类工作与社区治理有效结合，形成可持续社区建设的关键，也是“绿缘计划”的主要服务目标之一[10]。

三、行动研究设计

（一）研究思路

北京协作者发起的“公益1+1”资助行动，立足于携手服务困弱人群，构建政府提供政策指导、基金会提供资源支持、支持性组织提供专业支持、社会服务机构专注于服务行动的公益生态的理念。“绿缘计划”项目正是基于此公益生态建设的理念，聚焦在社区环保服务领域，提出：1）社会组织在社区环保议题参与中具有独特的作用；2）社会组织在参与社区环保方面面临资金、技术和政策三方面的挑战；3）针对社会组织参与社区环保的三大挑战，需要政府、基金会、支持性组织等多方联动，政府提供政策支持、基金会提供资源支持、支持性组织提供技术支持，发挥各自的优势，共同构建支持社会服务机构专注于社区环保服务的公益生态。这一公益生态如能有效建构，一方面，将能支持和激活社会组织参与社区建设的潜能，使社会组织更具活力；另一方面，将能极大地创新社区环保的路径与方法，为社区治理创新注入新元素。因此，该理念在项目实施过程中是否能够落地，项目实施会受到哪些因素影响，怎样开展项目可以更有成效，成为本次研究的主要方向与任务。

基于此，本次研究将参照社会工作通用过程理论，结合“绿缘计划”项目的需求评估、项目设计、项目实践与项目总结评估等过程，分不同阶段，以“在行动中研究，在研究中行动”的研究方式，通过资料分析、量性调研、访谈、参与式观察、分析参与的服务行动过程与资料等实证研究方法，开展行动研究。在每一阶段研究发现的基础上，提出建设性建议，以指导下一阶段的项目行动。同时，在研究的最后阶段，总结提炼整体研究发现与建议，以支持同类服务，以及服务成效的社会倡导与服务理念方式方法的推广。

（二）研究路径

“绿缘计划”行动研究设计了 4 个阶段的介入路径：

（1）基线调研与社会倡导阶段。在此阶段，项目组面向社会服务机构开展基线调研，了解社会服务机构参与垃圾分类等促进社区环保领域的现状与需求，并基于调研面向社会开展社会组织参与社区环保的倡导活动，倡议各方支持社会组织在该领域的工作。

（2）项目征集与前期赋能阶段。在此阶段，通过面向社会服务机构的项目征集、评审，筛选出需要资助的社区环保项目，并在此过程中采用前期赋能方法，为社会服务机构提供社区环保政策、理念与方法、项目设计与申报等培训，提高社会服务机构介入社区环保领域的能力。

（3）项目实践与过程赋能阶段。在此阶段，以资金支持与项目支持性监测评估为主，通过圆桌辅导会、一对一督导、实地走访、评估等形式，持续了解社会服务机构参与社区环保项目实施的进展、经验、问题、挑战和需求，持续赋能社会服务机构。

（4）项目总结与评估赋能阶段。在此阶段主要是针对社会服务机构的项目实施情况，开展成效评估，邀请社会服务机构总结项目的成效、经验与教训，发现专业支持无法解决的痛点和难点，总结形成政策层面的建议。

本次研究尤其强调研究过程中对资助和赋能的社会服务机构在项目过程中遇到的需求和问题进行动态监测和评估，并结合研究提出建议，回应问题，优化下一阶段项目实施。

四、“绿缘计划”行动过程

（一）基线调研与社会倡导阶段

1. 本阶段行动假设

基于北京协作者多年来专业支持工作中对社会组织的了解，以及2020年5月新版《北京生活垃圾分类条例》实施后支持社会组织参与社区环保工作的实践与观察，“绿缘计划”项目组确定了项目第一阶段就开展社会服务机构参与社区环保的现状与需求基线调研评估，本阶段的行动假设为：

（1）社会组织中的社会服务机构是推动社区环保的重要力量，且在社区环保工作中可以发挥多元作用，“绿缘计划”有责任让社会服务机构的作用被社会各界所看到，从而更好地理解与支持社会服务机构的参与。

（2）社会服务机构参与社区环保工作作用的发挥受限于资金不足、角色定位不清、专业能力不足等因素，亟须获得“绿缘计划”的支持，而支持的有效性取决于精准的评估需求。

2. 本阶段工作目标

（1）验证“绿缘计划”项目设计的合理性，完善项目实施方案，为项目实施提供更切合实际的指导。

（2）精准地评估社会服务机构参与社区环保的现状与需求，为开展赋能工作提供支撑。

（3）为项目监测评估提供基础数据。

（4）开展社会倡导，提升社会各界对社会组织尤其是社会服务机构参与社区环保工作的重视，促进社会各界对“绿缘计划”的了解和支持。

3. 本阶段工作计划

（1）问卷与访谈提纲设计。北京协作者与万科公益基金会讨论明确资助方向，主要包括垃圾分类及减量等社区环保内容。因此，围绕社会组织参与垃圾分类与减量等社区环保工作的现状、面临的阻碍和挑战等，设计调研问卷和访谈提纲。

（2）问卷发放与回收。面向北京市不少于 150 家社会服务机构及社区社会组织开展问卷调查及回收，回收有效率不低于 85%。

（3）代表性组织与部门访谈。通过市社会组织管理中心社会服务机构处推介，对业务范围内与议题相关的代表性社会组织及部门进行访谈，不少于 15 个个案访谈。

（4）形成调研报告。基于问卷与访谈数据，分析撰写调研报告，作为项目行动研究的一部分，并为后续项目活动设计与开展提供指导。

（5）调研报告发布会暨项目启动仪式。发布调研报告，邀请政府、社会组织及专家围绕报告开展论坛研讨，倡议社会关注支持社会组织参与社区环保。同时，面向社会宣布“绿缘计划”启动及资助信息，开放前期赋能活动的申请。

4. 本阶段实际行动

（1）设计问卷与访谈提纲。采取混合研究方法，通过文献研究法、问卷调查法和个案访谈法，开发设计《社会服务机构参与可持续社区环境建设（社区环保）基线调研与需求评估》问卷及访谈提纲等调研工具。

（2）发放问卷。通过三种渠道进行问卷的发放，一是北京市社会组织管理中心社会服务机构处的微信群渠道；二是微信公众号“协作者云公益”（北京市社会组织发展服务中心对外宣传渠道）；三是依托北京市社会组织发展服务中心运营的社会服务机构社群进行转发邀约。10 天左右的时间，共收集 153 家参与过社区环保或有意愿参与社区环保的社会服务机构填写的问卷，其中有效问卷 142 份，问卷有效率为 92.8%。

（3）开展调研访谈。依托北京协作者的合作网络，从市、街道两级政府部门的相关单位，包括从管理社会组织的民政部门和主管垃圾分类的城管部门邀约政府代表访谈，完成了 3 个政府单位的 7 位工作人员的访谈。联络有丰富的社区环保工作经验的社会服务机构、有一定经验的社会服务机构和没有经验但有意愿开展社区环保工作的社会服务机构负责人进行访谈，共完成 18 家机构负责人的访谈。

（4）撰写基线调研报告。从社区环保为什么需要关注社会服务机构参与、参与调查的社会服务机构的基本情况、社会服务机构在社区环保工作中的主要作用、社会服务机构参与社区环保工作面临的问题及成因分析、社会服务机构参与社区环保工作所需支持、促进社会服务机构参与社区环保工作的建议等6个方面进行阐述。

（5）举办报告发布会暨项目启动仪式。2021年2月3日，受新冠疫情影响，原计划线下举办的基线调研报告发布暨项目启动仪式调整为线上举行，实际行动内容与项目方案计划内容基本保持一致。该活动的主要内容包括领导嘉宾致辞、“绿缘计划”项目介绍、基线调研报告发布及线上论坛。

市社会组织管理中心温育梁主任肯定万科公益基金会、北京协作者致力于推动“公益1+1”资助行动，这坚定了北京市社会组织管理中心推动“公益1+1”项目的初心和信心。活动现场，温主任致辞并宣布“绿缘计划”正式启动，她表示，随着《北京市生活垃圾管理条例》正式实施，标志着生活垃圾全程分类管理进入了依法加速推进的新阶段，她呼吁广大的社会组织申请加入“绿缘计划”，积极参与垃圾分类等可持续社区环境建设工作。

北京协作者负责人李涛代表项目团队发布基线调研报告，之后，论坛邀请北京市社会组织管理中心基金会处处长唐晓明、社会服务机构处二级调研员高倩、清华大学环境学院教授刘建国、北京市石景山区阿牛公益发展中心理事长唐莹莹等代表分别从政府、专家和社会服务机构等角度开展研讨。

活动现场还对外宣布了“绿缘计划”的正式启动，并公布项目后续的工作安排，为接下来即将举办的项目前期赋能的宣传奠定基础。

该活动借由直播平台得到了8.2万人的关注，包括政府、学界、社会组织、新闻媒体及公众等。

5. 本阶段行动成效

（1）精准评估社会服务机构参与社区环保的现状、问题与需求，为开展赋能工作提供支撑。

基线调研报告的数据与资料收集规范、逻辑结构清晰（报告的部分目录见图1－17），充分反映了社会服务机构参与社区环保的现状、作用、挑战、所需支持等，对于赋能工作开展有直接明确的指导价值。项目推进实施前期的赋能活动设计，便是以基线调研报告的数据为基础。

图1－17　基线调研报告的部分目录

（2）加深了民政部门对社会服务机构参与社区环保必要性的认识，促进了社会各界对“绿缘计划”的了解和支持。

基线调研报告发布暨项目启动仪式活动得到了市社会组织管理中心领导的重视，除了中心温育梁主任出席致辞，社管中心两个与“公益1+1”资助行动直接相关的处室——基金会处和社会服务机构处的领导均作为政府代表参与论坛研讨环节。

而在访谈调研阶段，受邀参与的社会组织、政府相关部门代表，通过调研过程较深入地交流了对社会服务机构参与社区环保工作的看法。其中，调研前，时任社会服务机构处处长的杨志伟与项目组一起座谈交流，并为政府类别访谈提纲贡献了宝贵意见。

基线调研报告发布暨项目启动仪式活动观看量达到8.2万人，9家媒体对调研报告发布与项目启动进行了报道。其中，1家为北京区域媒体，其余8家均为全国性媒体。从公众传播层面对“绿缘计划”的传播起到有力的支持作用。

（3）为推动社会服务机构参与社区环保的倡导工作提供了重要的依据，

提升了社会各界对社会服务机构参与社区环保工作的重视。

该报告的内容在多个高级别会议上被介绍和引用，包括第三届社区废弃物管理论坛和北京垃圾分类两周年论坛等，促进了政府部门、环保组织对社会服务机构参与社区环保工作的了解和认识。

6. 本阶段行动的不足

（1）基线调研报告的成果在项目后续的应用不充分。

基线调研报告除了在前期赋能设计时有所应用，在“绿缘计划”支持性监测评估等其他项目实施过程中，没有做到每个行动环节都加以参照、检视，一定程度影响了研究指导行动、行动促进研究的效果。

导致这种情况发生的原因在于项目负责人从项目指标出发开展项目管理，忽略了项目管理过程中对该基线报告运用的监测管理。

（2）对主要目标对象之外的利益相关方影响不充分。

按照项目原计划，“绿缘计划”的利益相关方除了社会组织管理中心之外，还有市、区、街三级社会组织支持平台、妇联、参与调研的社会组织、潜在合作的社区社会组织、专家团队。但发布会暨项目启动仪式活动对这些相关方的邀请情况及参与程度的跟进和效果评估不够系统。

导致这种情况发生的原因在于，一是尽管“绿缘计划”项目组对利益相关方进行了角色分析，但将分析与实际行动深入结合得不够，不同的利益相关方有不同的角色和参与程度，需要纳入项目管理和监测，但这需要投入更大的精力和资源。二是基线调研报告发布暨启动仪式活动筹备及开展时间紧张，“绿缘计划”项目组在此情况下突出了对重要利益相关方的跟进，难以兼顾其他利益相关方。

7. 本阶段行动的反思

（1）多元的评估视角和手法，保障了基线调研的质量。

社会组织尤其是社会服务机构参与社区环保议题的可参考借鉴的研究资料不多，但同时这一议题包含的相关主体及相关内容非常丰富。如何最大化保障调研符合实际情况？基线调研的多元调研对象和调研手法的设计，保障调研的质量。

在调研工具设计方面，“绿缘计划”项目组一方面以文献研究法做基础；

另一方面在调研问卷与提纲设计定稿过程中，同步与北京市社会组织管理中心社会服务机构处处长及相关负责老师进行座谈，从登记管理机关的角度了解北京社会服务机构在社区环保领域的参与情况及管理部门对它们的期待。这一过程作为访谈式调查的组成部分，保障了“绿缘计划”项目组在充分理解相关方观点的基础上设计问卷与访谈提纲的质量。

“绿缘计划”项目组除了采取文献研究、问卷与访谈、座谈等多种调研手法，在选取调研对象上也做到了调研对象的多样性和代表性。调研对象既有政府代表，包括市级社会组织登记管理机关的代表、街道社区办负责人、街道垃圾分类工作专班负责人，也有社会组织代表，包括不同程度参与社区环保的社会组织，除了类型上的差异，也考虑了受访社会组织的规模差异。

（2）推动利益相关方的参与，既是方法也是目的。

如上所述，从基线调研设计时，重要的利益相关方便开始参与其中，并持续参与之后的项目活动，这在一般的调研当中比较少见。

但总体来看，利益相关方的参与程度仍然可以更加深入。比如，在基线调研报告发布会后，可专门跟进邀请重要利益相关方对基线调研报告的影响和应用情况进行反馈，一方面借此进一步完善报告；另一方面也促进下一步行动的参与。

同时，对利益相关方的分析要纳入项目管理工作，以免发生利益相关方参与跟进不足和推动不够的情况。

（3）基线调研成果的形成与应用应是一个动态的过程。

一是基线调研成果的形成应是一个动态过程。从基线调研报告成稿开始，即需邀请重要利益相关方提前阅读调研报告并给予反馈；基线调研报告发布时，可以围绕报告核心观点提前设置具体议题进行研讨，进一步检验和丰富报告成果。

二是基线调研成果的应用也是一个动态过程。基线调研成果应在项目不同阶段参照应用，并通过项目管理工作对项目参照应用情况进行检视反思。

如果能够较好实现上述两个过程，基线调研成果将对项目起到最大的指导作用，研究指导行动、行动促进研究的循证过程也能够更加完整。

（二）项目征集与前期赋能阶段

1. 本阶段的行动假设

基线调研与社会倡导阶段的工作使项目组对社会服务机构参与社区环保面临的困难与挑战的理解更加精准地聚焦在三个方面：

（1）寻找落地或合作的社区难。因项目资金少、周期短、缺少关系建立技能以及社区部门对社会组织认知的局限，37.7%的社会服务机构目前仍不能稳定持续落地服务的社区。

（2）缺乏社区环保理念、知识和经验技能。54.1%的社会服务机构每年开展环保活动不足5次，50%的社会服务机构在2019年前后才开始参与社区环保工作。

（3）社区环保项目周期短，难以形成影响居民的长效机制。

同时，基线调研认为社会服务机构参与社区环保工作有五大方面的支持需求：

（1）项目资金支持需求，项目资金与项目任务匹配。

（2）政府政策支持引导需求。

（3）社区平等对话机制需求。

（4）人力资源培育支持需求。

（5）社区环保专业技能教育培训支持需求。

“绿缘计划”项目基于基线调研数据，采用资金资助和专业赋能两大策略相结合的方式支持社会服务机构参与社区环保。

本阶段作为资助行动实施的第一步，是基于这样的假设展开的，即如果有意愿的社会服务机构在申请“绿缘计划”资助前，能够得到前期赋能培训支持，可以更好地掌握项目设计、社区环保政策、社区环保工作理念和方法等方面的知识，那么他们能够将项目设计与其组织使命、定位和优势、社区环保工作要求更好地结合起来，减少申请的盲目性和资助的无效性。

2. 本阶段的工作目标

（1）为有意参与社区环保的社会组织赋能，提升其设计申请社区环保项目的能力及参与社区环保的信心。

（2）遴选和资助一批在社区环保领域有深耕意愿和实践潜力的社会组织，发挥它们的优势参与垃圾分类等社区环保工作。

3. 本阶段的工作计划

（1）社会组织前期赋能。

区别于以往的有关社会组织参与垃圾分类的能力建设工作，本项目以需求及基线调研为基础，让前期赋能更为精准和高效。同时赋能议题不局限于垃圾分类，而是根据“绿缘计划”项目总体的资助和赋能目标，将议题扩大至社区环保以及项目设计，包括垃圾分类、垃圾减量、零废弃、反食物浪费等政策、理念、方法以及项目设计等。

通过社会组织支持平台及妇女之家进行动员招募，邀请社会组织参与前期赋能工作坊。前期赋能基于基线调研报告的内容进行设计，整合包括万科公益基金会、北京协作者以及外部专家等专业资源，面向社会组织开展不少于6次的专题培训，为50家社会组织不少于100人提供直接服务，有针对性地回应社会组织需求，提高赋能成效，提升社会组织参与社区环保的专业水平及信心。同时，依托前期赋能与社会组织展开更深入的互动，挖掘优质社会组织伙伴，链接项目资助资源，让优质的社会组织伙伴“学有所用”。

（2）开展项目征集、评审及资助。

一是开展“绿缘计划”社区环保项目征集、评审和资助，突破社区环保工作局限于环保领域社会组织的现状，缓解社会组织目前的艰难处境。二是将未获得“绿缘计划”资助但在前期赋能中表现良好的社会组织与获得资助的社会组织一起推介给各区街平台，推动社区与有能力的社会组织实现对接。三是举办“绿缘计划”资助项目发布暨签约仪式，启动项目支持性监测评估工作。

①项目征集：面向社会组织伙伴开展社会组织参与社区环保项目征集大赛。大赛为啥也向未参与过前期赋能的社会组织开放？一是为了促进更广泛的社会组织的参与和传播；二是未参与前期赋能的申请方在通过评审获得资助后也将扮演“对照组”的角色，在整个行动研究过程中有助于检视前期赋能的作用。大赛将主要通过社会组织平台及“妇女之家”的渠道进行广泛的招募动员。

②项目评审：对征集的项目进行初筛，组织项目专家评审会，拟邀请万科公益基金会方、北京协作者方及外部专家方共计 5 人组成评审专家组，其中项目管理专家 2 人、社区环保专家 2 人、财务专家 1 人。以服务的典型性、创新性、服务影响的广泛性等指标作为评价依据和标准，遴选相关领域的项目方案，于每年 4 月底最终确定资助的社会组织项目名单，并提供资助。

③资助名单发布：于 2021 年 5 月 1 日，即新版《北京市生活垃圾管理条例》实施一周年之际公布资助名单，同时在一周内举办资助项目发布暨签约仪式。签约仪式采取线上线下同步举办的形式，现场拟邀请对受资助项目实施落地能提供关键支持的政府部门，至少包括市民政局、受资助组织项目落地社区的相关方、万科公益基金会、受资助社会组织代表、媒体等参与，但人数不超过 50 人。公示资助信息的同时，进一步扩大“绿缘计划”项目的社会影响。

4. 本阶段的实际行动

（1）前期赋能活动的设计与开展。

1）前期赋能对象的招募。结合基线调研的发现，“绿缘计划”项目组与万科公益基金会项目经理林虹老师讨论，初步设计了前期赋能培训的框架，确定资助前开展的赋能培训形式是封闭且持续性的，需要经过报名来遴选参与前期赋能的社会组织名单。并于 2021 年 3 月 6 日通过“协作者云公益”公众号对外发布“社会组织参与可持续社区环境建设（社区环保）项目资助小灶班报名中”的招募启事。[①]

2）前期赋能工作的筹备。筹备过程主要包括三个部分。一是寻找合适的培训老师；二是对报名的社会组织进行遴选，布置“课前作业”；三是基于项目阶段框架、基线调研发现和“课前作业”设计完善前期赋能工作坊方案。

“绿缘计划”项目组与石景山区阿牛公益发展中心理事长唐莹莹老师联系，经过至少 2 次讨论，完善前期赋能的设计思路和内容。又进一步联络北京沃启公益基金会项目经理汤婷老师、北京合一绿色公益基金会项目经理李大君老师，进一步探讨前期赋能的设计思路，完善前期赋能的设计方案。最

① 信息来源：https://mp.weixin.qq.com/s/KBHi5uvf4l5FgOgoZpkUow.

终“绿缘计划”项目组组建了包括上述3位老师和资助方代表林虹老师组成前期赋能执行小组，共同参与前期赋能的策划与执行。

在前期赋能报名筛选方面，“绿缘计划”项目组共计收到32家社会组织的报名信息。综合考察社会组织的报名动机、社会组织的发展现状、领域等因素，并进行了个别社会组织的电话尽调，最终遴选出18家社会组织，“绿缘计划”项目组对18家入选的社会组织布置了“课前作业”，最终确定了参与工作坊的29名社会组织学员名单。

“绿缘计划”前期赋能的“课前作业”是邀请入选的社会组织完成对它们所落地社区的初步分析，包括介绍拟落地社区的情况、利益相关方、主要的问题和策略。18家社会组织伙伴“课前作业”中呈现出来的困难和挑战包括以下6个方面：

①居民认可度不高和参与氛围不佳，主要原因包括家庭空间小投放设置受限、社区投放设施不足、社区垃圾前后端的处理不匹配。

②居民存在畏难心理，原因在于传统投放方式简单易操作，已形成习惯。

③居民对改善社区环境的认知和期望不一，较难达成一致。如社区花园按什么标准建设，居民意见不统一，难以协调。

④志愿者力量薄弱，单次参与意愿高，持续参与意愿低，难以建立持续有效的志愿者队伍。这主要原因是要使居民从意识到行为转变的过程漫长、需要大投入，老年志愿者多、青年志愿者少，不利于站桶值守，站桶频繁流失，大站桶无法持续。

⑤恶劣天气和疫情影响宣导活动持续开展和志愿者的持续参与。

⑥社区居委会等相关部门投入少、配合不佳，社区环保前后端的相关监管和配套缺位，难以形成长效机制。

3）前期赋能工作的开展。2021年4月7日至9日在3天的时间里，“绿缘计划”前期赋能工作坊，循着北京垃圾分类先行者阿牛公益发展中心的实践历程，通过实地参访、案例分享、小组讨论、世界咖啡馆等多种赋能形式，为参与工作坊的18家社会组织的29名伙伴提供包括政策解读、社区问题诊断、社区资源分析、行动经验学习、项目书设计等社区环保知识的赋能。

（2）资助项目的征集与遴选。

①发布资助项目征集信息。2021 年 4 月 2 日，“绿缘计划”项目组正式对外发布了资助项目征集启事。早在 2020 年 12 月 31 日启动基线调研时，2021 年 2 月 3 日基线调研报告发布暨项目启动仪式上，以及 2021 年 3 月的前期赋能招募的过程中，“绿缘计划”项目组都在持续邀请和鼓励社会组织参与申报。

最终截至 2021 年 4 月 20 日，“绿缘计划”资助项目征集共收到 80 份项目申报书，其中，符合资助资格的社会服务机构项目申报书 63 份，社区社会组织项目申报书 10 份，合计 73 份。

②项目初审。项目组联合外部专家组建 2 个初审工作小组，由北京协作者和外部专家组成，每组 2 人，从项目需求分析、项目目标与效益分析、项目内容与实施计划分析、项目保障性分析、项目预算分析 5 个方面对项目方案进行打分和评价反馈，并综合两组的打分形成最终初筛评分。初筛阶段历时 5 天，经过项目初审与机构合规调查，25 个社会服务机构项目和 5 个社区社会组织项目进入终审。

③立项评审。2021 年 4 月 28 日，由万科公益基金会、北京协作者及外部专家组成评审组，在线下举办了项目评审会。入围社会服务机构和社区社会组织现场汇报和答辩，评审专家组一起进行合议，最终达成共识，拟对 17 家社会服务机构、4 家社区社会组织申报的项目进行资助，并于 5 月 1 日至 6 日通过公众号向社会公示拟资助名单。

④项目方案辅导。公示期后，为了帮助受资助社会组织进一步明确项目内容，提高资助效能，“绿缘计划”项目组针对 21 份社会组织项目书开展个别化的辅导修改工作。项目组主要采取邮件、电话、微信、面谈等方式与各组织项目人员进行沟通并指导，协助其梳理项目框架及主要内容，平均每家社会组织反馈沟通约 3 次。在这一过程中，“绿缘计划”项目组也与各社会组织项目申报负责人建立了良好的合作关系。

（3）签约仪式暨伙伴交流会。

2021 年 5 月 17 日，“绿缘计划”项目组举办了“公益 1 + 1 之绿缘计划——北京社会组织可持续社区环境建设（社区环保）赋能项目”资助签约仪式暨伙伴交流会，正式公布资助名单（见表 1 – 1），并为受资助社会组织授牌。

当天，北京市社会组织管理中心党委书记许伟、基金会处处长唐晓明、服务发展处处长牛方杰、北京协作者中心主任李涛、万科公益基金会项目总监刘源、东风地区办事处社区建设办党支部书记苏会利及21家受资助组织代表等出席了签约仪式，北京协作者专业支持部主任杨玳瑁主持仪式。此外，在“绿缘计划”启动仪式、前期赋能及项目评审等工作中提供大力支持的各方专家也受邀参与了本次活动。

表1-1 “绿缘计划”资助项目一览表

序号	组织名称	项目名称	拟落地社区
入选“绿缘计划”资助名单的社会服务机构（排名不分先后）			
1	北京市夕阳再晨社会工作服务中心	“可持续，向未来”社区生态家园环境教育基地建设	北京市海淀区学院路街道二里庄社区
2	北京市朝阳区玉华残障人士康养服务中心	赋能助力，分类减排我也行	北京市朝阳区常营乡
3	北京市东城区华健社会关爱中心	“绿色国西，缘因有你”可持续社区建设项目	北京市东城区崇文门外街道国瑞城西社区
4	北京市美丽人生社会工作服务中心	“绿色童趣，志愿添彩”——润泽社区垃圾分类项目	北京市朝阳区东坝乡润泽社区
5	北京市大兴区助兴社会工作事务所	兴政中里社区垃圾分类促进项目	北京市大兴区林校路街道兴政中里社区
6	北京市昌平区仁爱社会工作事务所	共建共治共享—环保行动益起来	北京市昌平区百善镇善缘家园社区
7	北京富群社会服务中心	零碳村庄	北京市昌平区延寿镇上庄村
8	北京市朝阳区启明国风幼儿园	共建·共享·共促——打造启明“零废弃（示范）校园”	北京市朝阳区望京东园629号楼
9	北京市朝阳区亚运村立德社会工作事务所	“同呼吸、共担当、齐行动”绿色社区建设服务项目	北京市朝阳区垡头街道双合社区
10	北京市通州区筑梦社会工作事务所	怡乐绿馨花园共建	北京市通州区杨庄街道怡乐社区
11	北京市大兴区众合社会工作事务所	大兴区观音寺街道试点“环保家”社区社会组织培育项目	北京市大兴区观音寺街道辖区的首座御园二里社区、新居里社区、观音寺北里社区、开发区社区、金华里社区

续表

序号	组织名称	项目名称	拟落地社区
12	北京市通州区众心联社会工作事务所	为垃圾分家，做文明社区——双桥第三社区垃圾分类环保服务项目	北京市朝阳区黑庄户乡双桥第三社区
13	北京市石景山区善度社会服务创新发展中心	社区居民垃圾分类习惯养成过程中居民自组织功能发挥项目	北京市东城区永定门外街道民主北街社区
14	北京市海淀区北城心悦社会工作事务所	“绿色楼门　悦享生态”社区垃圾分类沉浸计划	北京市海淀区学院路街道健翔园社区
15	北京市东城区三正社工事务所	正阳人家“零废弃”英雄之旅	北京市东城区前门街道草厂社区
16	北京市西城区睦邻社会工作事务所	“临海水岸处，绿荫向人浓”——柳荫街社区多元参与垃圾分类环境提升项目	北京市西城区什刹海街道柳荫街社区
17	北京市西城区睦友社会工作事务所	“党群携手，共建环保家园”建功北里社区环保意识提升项目	北京市西城区白纸坊街道建功北里社区
入选“绿缘计划”资助名单的社区社会组织			
1	朝阳区东风苑社区音缘益佳志愿服务社	“绿风行动”垃圾分类微治理项目	北京市朝阳区东风地区东风苑社区
2	朝阳区东风地区观湖国际社区汇翠社	观湖你我·关乎你我——垃圾分类环保共同成长赋能项目	北京市朝阳区东风地区观湖国际社区
3	朝阳区东风地区东润枫景社区润之虹邻里守望自管会	垃圾分类进社区，绿色环保我先行	北京市朝阳区东风乡东润枫景社区
4	朝阳区东风地区石佛营东里社区“社区守望者”六包队伍社团	“红情绿意”——垃圾分类美化家园，助力居民参与治理	北京市朝阳区东风地区石佛营东里社区

这次社会组织伙伴交流会主要包括三项内容：①“绿缘计划”项目组向受资助社会组织介绍项目管理要求及未来“绿缘计划”项目组将持续提供的支持内容；②万科公益基金会合作伙伴“蔚蓝地图”为社会组织伙伴介绍“蔚蓝地图”小程序应用，推荐该程序为社区垃圾分类工作中开展社区教育的工具；③邀请21家社会组织分别介绍其项目特色，倡导在“绿缘计划”社区环保议题下，受资助的社会组织伙伴未来能够共同探讨问题、分享经验或资源。这一环节的交流，一方面了解社会组织对后续赋能的期待；另一方面初

步构建起“绿缘计划”社会组织伙伴互动社群。

5. 本阶段的行动成效

（1）较好实现了本阶段的项目前期赋能目标。

前期赋能工作坊的行程紧凑，内容丰富。无论是赋能内容、社会组织伙伴互动环节的安排，还是前期赋能执行团队的工作态度，均获得了社会组织伙伴的一致好评，社会组织伙伴普遍认为其社区环保理念、知识、方法思路和项目申报能力等均得到较好提升，社会组织间的伙伴关系也得到了较好促进，对前期赋能的满意度达96%以上。

> 开拓了从事垃圾分类与环保建设工作的思路。
>
> ——通州区众心联社会工作事务所
>
> 对本机构项目申报落地的社区需求有了认知。
>
> ——昌平区润德社会工作事务所
>
> 最大的收获是对政策的了解和理念的共鸣。非常感谢能有机会参加本次赋能工作坊，不仅在能力上赋能，也唤醒和加持心理能量。社会工作路上、公益路上、环境可持续发展路上，很多同行人在努力，我们感到并不孤单。
>
> ——海淀区北城心悦社会工作事务所
>
> 参加这个工作坊很多时候都会感觉时间过得太快。我们体验着知识的福流，体验着学习与思考的快乐。几天下来，我们能深深感受到能力的增长以及心灵的滋养。感恩协作者，感恩导师团队，感恩共同参与互动的每一位公益伙伴，因为有你们才让赋能过程如此的精彩！
>
> ——昌平区仁爱社会工作事务所

前期赋能取得的成效，离不开“绿缘计划”项目组的努力和外部专家团队的支持。一起策划和执行前期赋能工作坊的执行小组也表达了对“绿缘计划”项目组前期赋能工作的赞许。

> “第一次看到议程对我们很有启发，每个环节关键信息和目标都特别明确。”

“很佩服北京协作者团队，活动时间紧、任务重，但他们有抗压能力。”

“三天的赋能活动持续下来，都能保持很高的热情，而且投入状态不断提升，很不容易。”

（2）前期赋能为“绿缘计划”找到潜在的优秀项目资助伙伴。

19 家参与前期赋能的社会组织，其中 8 家获得了“绿缘计划”的资助，占到“绿缘计划”资助社会组织比例的 47%。而这 8 家机构中的 5 家获得了“绿缘计划”二期的持续资助，其中 3 家在“绿缘计划”一期结项评估中排在前 4 名，一定程度上反映了前期赋能工作的成效。

（3）积累了前期赋能先行的工作经验。

赋能先行在“绿缘计划”项目组不只是一个口号，而是实实在在地落地实施。从基于基线调研报告的框架设计，到与议题代表性人物、资深专家老师的深度讨论，并完善前期赋能设计，再到前期赋能的落地实施，实施过程中的持续改善，产生了许多值得总结的经验，包括：需求评估作为前期赋能的设计指引；注重政策背景下利益相关方的诉求；融汇先行者案例与社会组织自身案例分析；注重反思互动，注重伙伴学习。

（4）高效完成资助项目发布、评审、公示、签约等工作。

一是项目申报征集的数量超过预期的 2 倍。虽然社区环保不是大部分社会服务机构和社区社会组织的主要服务领域，但申报征集的数量与“公益 1 + 1”资助行动困境儿童议题的申报征集数量相当。可见北京垃圾分类的政策导向、“绿缘计划”前期的宣传起到了效果。

二是项目评审工作高效。借助新版垃圾分类条例颁布一周年的时机，加大“绿缘计划”和社区环保议题的传播力度，在保障质量的前提下，项目组用 10 天的时间完成了 80 份项目申报书的初审、答辩复审、合规调查、公示，并同步反馈拟资助项目完善修改意见，高效、严谨、认真，获得万科公益基金会项目总监刘源的赞许。

“好严谨的筛选过程，赞！希望后续可以宣传‘绿缘计划’入围者的过程。”

（5）阶段性成果得到各方的关注。

“资助签约仪式暨伙伴交流会”结合新版《北京市生活垃圾管理条例》正式实施一周年这个热点，获得媒体报道 17 次，北京市民政局领导关注到有关报道，专门通过北京市社会组织管理中心了解“绿缘计划”的实施进展和成效，同时北京协作者负责人也向民政部相关领导汇报了该项工作的进展。当天伙伴交流会环节，有 40 位受资助社会组织代表及专家参与。受资助社会组织代表对资助签约仪式暨伙伴交流会的评价较好。

> 最大的收获就是伙伴之间经验的分享和思想的碰撞。
>
> ——海淀区北城心悦社会工作事务所
>
> 我觉得参与“绿缘计划”的价值和意义更加重大了，希望未来能与伙伴们有更深度的探讨交流。
>
> ——东城区三正社工事务所

6. 本阶段的行动不足

（1）原计划持续跟踪前期赋能效果的落实不够。

项目原计划中，一是需将前期赋能参与表现良好、获得或未获得“绿缘计划”资助的社会组织一起推介给各区街平台，推动社区与有能力开展垃圾分类工作的社会组织实现对接，对照分析获得或未获得资助的社会组织后续对前期赋能评价的差异。二是未参与前期赋能但获得“绿缘计划”资助的社会组织将扮演“对照组”的角色，在行动研究中检视前期赋能社会组织的作用。

但实际行动中，一是没有举办相关的对接会，没有搭建起社区与前期赋能参与表现较好的社会组织的对接渠道。二是没有落实“对照”研究的设想，虽然后续实践中有跟踪参与前期赋能又入围资助的社会组织对前期赋能的评价，但前期赋能的影响效果测评角度相对单一，不够全面。

造成这种情况的主要原因是项目管理没有做到位，主要关注项目指标的达成，而忽略了从项目目标出发，多维度跟踪对照分析赋能成效和经验。

（2）前期赋能的产出成果在项目其他阶段的应用不够充分。

前期赋能提前安排了“课前作业”，过程安排了观察人员跟进小组讨论，并要求参与者每天写评估日志，同时过程中也产生了社区环保的困难或问题等资料，但后期其他阶段对于这些材料的应用不足。

造成这种情况的原因主要在于“绿缘计划”项目团队对前期赋能的功能定位和思考不够全面，项目全局视角一定程度缺失。

7. 本阶段的行动反思

（1）赋能既是理念、知识和方法的赋能，也是信心和信念的赋能。

赋能是“绿缘计划”的特色之一，贯穿于“绿缘计划”整个过程，而资助前的赋能先行是“绿缘计划”项目的亮点。

“绿缘计划”设计的出发点是基于社会组织对社区环保议题的陌生，需要先进行知识、方法的储备，助力他们再回到社区场景中开展工作。而回顾前期赋能工作，我们发现赋能不仅让社会组织收获社区环保的理念、知识与方法，更让他们收获了来自同行伙伴的鼓励，收获了社区环保先行者的榜样力量。所以赋能不仅是理念、知识和方法的赋能，也是信心和信念的赋能。

对于处在公益生态链底端的社会服务机构，参与“绿缘计划”前期赋能使他们获得信心，看见本机构关注的服务对象、社会问题与社区环保问题关联的一个过程。

（2）赋能设计理论与实践相结合，融汇先行者与社会组织自身场景案例进行分析。

前期赋能以北京农村垃圾分类工作卓有成效的拓荒者阿牛公益发展中心为案例，实地参访体验，与阿牛公益发展中心的骨干志愿者交流互动，阿牛公益发展中心创始人与大家讲述了他们从关注身边问题出发、以实际行动躬身入局创办机构，开拓服务，将社区环保从一个村子的垃圾分类拓展到整个乡镇 20 多个村子垃圾分类的故事。而前期赋能的专题分享环节，也围绕垃圾分类减量工作为何需要多方联动、如何开展政策倡导等核心议题，将阿牛公益发展中心的案例掰开揉碎进行分析分享，参与的社会组织代表在其中深受启发和鼓励。

同时，前期赋能结合社会组织的“课前作业”，以典型社区的环保介入为例，以小组为单位，讨论完善解决策略和方案。在小组讨论中巩固学习到的理念、知识和方法（见图 1－18），也在讨论中拓宽工作思路、增进伙伴关系。

认真把事做到位
用数据说话
政策解读、跟着政策走
公益机构定位要明确→支持
目标聚焦
物业

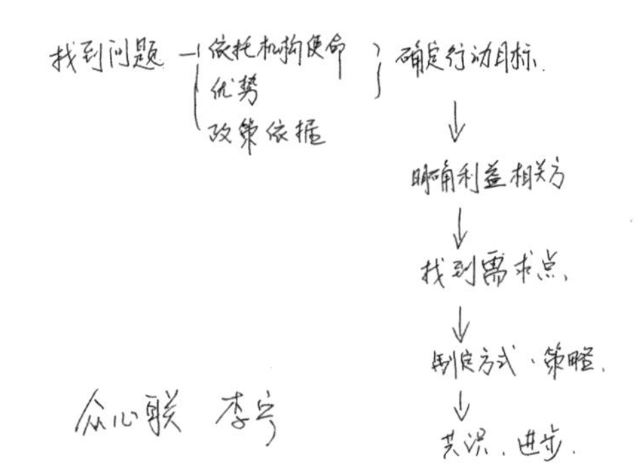

图1－18　案例学习的收获

（3）以开放学习和合作的心态，组建社区环保专家支持小组。

“绿缘计划”项目组以开放学习和合作的心态，邀请社区环保领域的资助方代表和专家代表参与筹备前期赋能工作。

“绿缘计划”前期赋能的筹备力量包括“绿缘计划”项目组、作为专家角色加入进来的阿牛公益发展中心创始人唐莹莹老师、合一绿基金会项目经理李大君老师、北京沃启公益基金会项目经理汤婷老师、万科公益基金会项目经理林虹老师。

其中，阿牛公益发展中心、合一绿基金会、沃启公益基金会都是万科公益基金会在北京地区社区环保领域的合作伙伴，“绿缘计划”前期赋能工作坊将社区环保领域合作伙伴们联合起来，形成了“绿缘计划”项目的社区环保专家支持小组的雏形，奠定了“绿缘计划”专家持续参与的基础。

（4）在资助合作理念上达成共识，创造更有弹性的项目创新空间。

前期赋能工作原是按照“不少于6次的专题培训，为50家社会组织及社区社会组织不少于100人”设计的，即更多是以开放专题的培训方式来组织前期赋能工作。而在实际开展工作时，“绿缘计划”项目组选择了以封闭工作坊的方式进行。

该调整基于两个考虑，一是持续的参与和相对深入的互动讨论，更有助于社会组织在有限的时间内提升相关能力；二是考虑前期赋能后的社区环保项目申报质量。基于此，前期赋能承载两个目标，即发现有潜质、有意愿的社会组织，以及赋能社会组织，为后续申报更有质量的社区环保项目奠定基础。

因此，“绿缘计划”项目组放弃了原计划“撒胡椒面”式的公开培训方式。而这一变动带来的直接影响是项目原定的产出数据的减少，达不到前期设计的赋能覆盖 100 人和 50 家社会组织的受益面。

该项调整并没有遭到“绿缘计划”资助方万科公益基金会的质疑；相反，“绿缘计划”项目组与资助方代表讨论后，肯定并选择了这一调整决定。双方之所以能迅速达成一致，是基于双方对“绿缘计划”项目目标理解的一致，及实施服务于目标的共识，而不简单拘泥于做了多少场活动、多少人受益的项目指标。

资助和合作理念上的共识，保障了“绿缘计划”作为一个探索性项目在实施中所需要的支持：灵活而有弹性的空间。

（5）协作和精益求精，保障项目资助评审的公开、公平、公正、高效。

为了赶在 2021 年 5 月 1 日新版《北京生活垃圾分类条例》实施一周年之际推出“绿缘计划”资助名单，项目组工作压力很大。项目组如何在有限时间内尽最大能力找到符合资助目标的社会组织？

> “我们生怕错过每一家用心的申请机构，总是尝试在每一份项目方案中结合专家反馈、项目组同伴反馈的意见，进一步核实确认没有遗漏的。”

一方面得益于“绿缘计划”项目团队在北京协作者过往项目评审中积累的经验，以及精益求精、尊重、同理等原则；另一方面得益于“绿缘计划”项目组和外部评审专家团队的协作精神。得益于每一位评审成员的认真努力，在短短 10 天的时间里，项目团队有质量地完成了项目初审、复审、项目方案完善、签约等工作。

为了保障“绿缘计划”项目资助名单评审人选的公开、公平、公正，“绿缘计划”项目组采取了以下几个方面的措施：

①保障评审的公开性。组建由“绿缘计划”项目组和外部专家构成的评审小组。

②保障评审的公平性。项目书评审标准统一，涵盖项目需求问题分析的清晰度、项目目标清晰度和预期成效显著度、项目计划逻辑合理性、创新性

和可持续性、预算的合理性。

③保障评审的公正性。一是项目书评审流程设置了初审、答辩复审等环节，避免一次性评审带来的不公正；二是对排名靠前与靠后的项目，对分组评分展开了对照复核，严谨的评审过程避免了分组评审的评价误差带来的不公正。

（6）项目评审应增加组织发展视角，保障项目质量和项目的可持续性。

“绿缘计划”项目遴选阶段，评分标准的设置主要围绕项目逻辑进行考察，尽管项目逻辑背后也包含项目实施的组织保障因素，但鉴于社区环保工作的艰巨性，需要社会组织扎根社区并长期介入。因此，我们需要增加组织发展和组织保障的视角来评审项目。

什么是组织发展视角评审？其核心不仅包括寻找合适的项目，还包括申请项目的社会组织具有可持续发展及参与的特质，即找到那些对服务人群有关怀、对社区环保问题有思考、愿意真正投身社区开展环保工作的社会组织。

这些社会组织是不是愿意有原则地积极尝试拓宽其业务范围，提升组织的可持续发展能力，就显得至关重要。而这就需要在项目征集遴选阶段，除了审阅项目方案，还需要与社会组织沟通，探寻社会组织申请“绿缘计划”背后的动机及申请的原则。

另外，“绿缘计划”是“公益1+1”资助行动之一，“公益1+1”倡导公益生态的良性发展，关注处于基层的社会组织特别是社会服务机构的可持续发展。因此，在未来“绿缘计划”开展项目遴选评审时，需要增加组织发展的评审视角。

（7）赋能与资助如何更好融合，需要进一步思考。

回顾从前期赋能到资助的流程，抛开前期赋能后“对照组”跟踪没有落实到位的情况，我们认为“绿缘计划”项目组依然需要思考一个问题，“赋能先行”的设计如何与资助更好地融合。

除了将赋能工作坊报名筛选的标准和项目资助筛选的标准结合起来考虑，是否可将资助的评审遴选工作放在前期赋能时？以便更广泛地公开招募社会组织，让参选组织带着“行动方案或项目意向”加入前期赋能培训，在培训中既开展社区环保议题的赋能，也对社区环保项目方案进行打磨完善，最后通过汇报路演确定资助名单，再持续跟踪项目落地情况，并从前期赋能培训就开始配备专家督导与提供同伴支持。

这样的项目实施路径，有可能弥补“前期赋能”相对独立于后续项目实施过程的不足，让项目的赋能工作更为系统和持续，避免了后续项目实践与赋能等阶段，入围资助但未参与前期赋能的社会组织与其他参与了前期赋能的社会组织之间存在支持需求的差异，一定程度上能减少后续赋能与项目管理的成本。

但也可以预见，在这一阶段这种操作方式投入的时间、资金、人力成本会更高一些，其开放性受到一定局限。因此，“绿缘计划”后续项目模式的优化仍需要项目团队进一步思考。

（三）项目实践与过程赋能

1. 本阶段的行动假设

在基线调研及前期赋能中发现，多数社会组织有介入社区环保，但他们的介入多为组织短期社区环保活动而非中长期社区环保项目。因此，社会组织在社区环保领域的项目管理、专业服务等方面的经验积累不足、能力不够，难以保障社区环保项目的质量。

因此，本阶段的基本假设是，如果“绿缘计划”资助的社会组织在社区环保项目实施过程中，能够得到项目管理、专业服务等方面的赋能支持，那么它们将能够更好地保障项目实施质量，积累社会组织广泛参与社区环保的经验。

2. 本阶段的工作目标

（1）支持资助项目顺利实施，保障项目质量和成效。

（2）提升社会组织项目管理与社区环保工作的专业能力。

3. 本阶段的工作计划

（1）社区环保项目资助及监管。

“绿缘计划”资助社会组织开展社区环保项目的周期为 8 个月，其中资助社会组织不少于 15 家，每家资金不超过 10 万元；资助社区社会组织不超过 5 家，每家资金不超过 3 万元。资助金额中既包括社会组织、社区社会组织的执行费用，也包括列支机构支持性费用。对于社会组织的资助采取两次拨款的方式，第一次在立项签约后进行，拨付60%的资金，同时项目中期对财务进行评估。项目结项期会对项目进行验收，通过后拨付尾款。对于没有账号接收资助款项的社区社会组织采取预付报销制，由北京协作者对其财务要求作出规定，社区社会组织垫付资金，每两个月进行一次财务报销。

（2）过程赋能。

以“绿缘计划”项目组成员为主，面向受资助的社会组织开展支持性监测评估，结合监测评估中发现的问题、困难与需求，链接整合相关的专业支持资源开展过程赋能。主要的赋能形式包括：

①同伴圆桌辅导会。资助项目发布暨签约仪式当天举办同伴圆桌辅导会，此后在项目执行期间，结合项目实施过程每两至三个月组织受资助组织开展1次同伴圆桌辅导会，共计4次。通过圆桌辅导会构建的同伴支持网络，对项目执行过程中遇到的问题与困难，依托同伴的力量探索解决路径，实现过程性监测与评估。

②参访学习。推选各地社区环保项目执行情况较好的项目点或者环保组织，分1~3批，进行实地参访，学习先进经验，具体参访交流时间根据实际需求确定。

③“一对一”督导。“绿缘计划”项目组在项目执行期间对社会组织开展“一对一”个别化督导，包括实地走访及日常的线上线下督导，其中实地走访于项目中期前后进行，每个项目至少走访1次；接受社会组织预约线下督导及即时性的线上督导，保障项目实施质量。

4. 本阶段的实际行动

（1）社区环保项目资助及监管。

①2021年5月17日签约仪式前后，“绿缘计划”项目组陆续和资助的21家社会组织签约，考虑到社会组织在新冠疫情期间的运营压力，将首款的拨付比例提升至70%。同时通过邮件向其发送项目管理要求，并在签约仪式上介绍项目管理要求，简化了项目行政管理要求，以支持性监测评估为主，不设中期评估。

②对入围的社区社会组织，结合4家组织均在同一地区的情况，与该地

区社会组织联合会一起签署三方协议，用联合会代收代管资金、支持项目监测管理的方式进行资助。

（2）过程赋能。

“绿缘计划”的支持性监测赋能开始于资助项目名单公示后的项目书修改，贯穿项目实施的整个过程，采用“一对一”督导、日常咨询、线下圆桌辅导会、线上咨询辅导会、在线案例学习、线下中期辅导会、参访学习、实地走访监测、线上社区营造工作坊、结项汇报评估等多种方式，协助受资助社会组织提升专业能力。

1）协助建立同行伙伴社群关系。

“绿缘计划”重视受资助社会组织伙伴关系的建设。2021 年 5 月 17 日，在签约仪式后举办了线下同伴圆桌辅导会，“绿缘计划”项目组向受资助社会组织介绍了项目管理要求及将持续提供的支持内容，并邀请 21 家社会组织伙伴分别介绍其项目特色、希望与社会组织伙伴探讨的问题、可以共享的资源，以及对后续支持赋能工作的期待。通过分享，加强社会组织伙伴间的互动和支持，协助这批社会组织建立同行伙伴社群关系。

2）日常咨询回应社会组织个别化需求。

资助签约后，“绿缘计划”项目组开始回应受资助社会组织的咨询，总计超过 90 余次。日常咨询的内容主要包括：①项目管理问题，如项目活动调整、项目延期、人员流动；②文书撰写问题，包括服务成效如何描述；③专业资源链接问题，如垃圾分类培训师资、垃圾后端处理参观；④服务方法和技术问题，如怎么减少一次性塑料使用、环保行为打卡工具等；⑤环保理念的探讨。

3）实地走访监测指导。

进入项目服务实施后，从 2021 年 6 月起，“绿缘计划”项目组开启实地走访监测工作。实地走访监测分两组，每组由“绿缘计划”项目组工作人员、公益导师 3 人组成。平均走访每家社会组织 1～2 次，每次时长均在 3 小时左右。

通过实地走访监测，一方面了解项目进展和目标实现情况、志愿者培育情况、遇到的困难和形成的亮点、项目管理情况、社区环保赋能需求；另一方面实地了解社会组织执行的专业质量。

实地走访监测发现比较突出的问题有两个：①行动策略与目标匹配度不够；②缺乏动员居民作为主体参与环保工作的理念和工作方法。

通过实地走访监测，“绿缘计划”项目组一边及时回应社会组织遇到的问题和困难，一边肯定社会组织的有效经验和亮点，以保障项目实践的质量。

4）线上辅导会回应社会组织遇到的普遍问题。

在项目实施的初期阶段，“绿缘计划”项目组收集了社会组织在项目实施中遇到的44个现实问题和挑战，并邀请了2位社区环保公益导师于2021年8月15日开展线上咨询辅导会，对社会组织伙伴的问题进行了一一解答。

社会组织在项目实施初期阶段遇到的问题主要涉及以下几个方面：①角色定位、相关方关系建立与维护；②居民的参与意识和积极性提升；③社区内生力量的挖掘培养；④社区自组织或志愿者队伍的管理和持续性；⑤开展有效且受居民欢迎的服务活动；⑥项目与服务活动的有效评估；⑦品牌服务的打造；⑧社区环保学习资源的推介；⑨项目财务管理。

86.21%的社会组织伙伴反馈，线上咨询辅导会能较好地解决他们的问题和困惑。也有个别社会组织伙伴反馈，希望结合案例对个别问题进行更为具体的剖析；部分答疑不够深入，希望能分开举办几次线上咨询辅导会。

5）线上垃圾分类学习资源分享。

2021年11月，举办“多元协同——城市社区垃圾分类实践项目案例集发布会”“第三届社区废弃物管理论坛”等多个线上活动，让社会组织伙伴学习、吸收全国各地垃圾分类等社区环保工作经验和做法。50%的社会组织伙伴将这次在线学习的知识应用到项目服务实践中，应对项目实施中的问题，改进项目服务的手法。

6）项目中期辅导会与本地参访，回应项目实施后期遇到的普遍问题。

2021年12月16日，结合项目中期报告呈现出来的问题和需求，“绿缘计划”项目组组织线下项目中期辅导会和本地参访赋能活动。项目中期辅导会一方面回应项目中期报告呈现和监测过程中发现的问题；另一方面参访一家本地社会组织，分享部分伙伴的实践案例，激发其他伙伴的信心。

中期阶段遇到的问题相对初期阶段有所减少，但呈现的问题更为具体和深入。该阶段社会组织遇到的问题集中在以下几个方面：①新冠疫情影响大，项目实施有难度，存在延期和调整预算等问题；②调动居民深入参与有困难；③青年志愿者动员和志愿者可持续机制有问题；④基层政府部门认可度不够和支持乏力；⑤项目成效展示有问题。

社会组织对中期辅导会和本地参访赋能活动的整体满意度达96%，普遍认为较好地回应了中期遇到的问题和挑战。其中，最受社会组织伙伴欢迎的赋能内容包括：①“零废弃循环小院”参访与“小院议事厅”；②北京市东城区三正社工事务所伙伴交流；③困难和挑战的反馈；④“我和我们的故事”。这说明，案例学习、交流探讨等与实践相结合的赋能方式，更有利于社会组织伙伴实施垃圾分类提升社区环保理念项目。5 名社会组织伙伴认为“我和我们的故事”与“困难和挑战”辅导会，受时间限制，交流得不够充分。

7）线上社区营造工作坊，聚焦回应更深入的需求。

项目实施进入更深的阶段后，如何通过社区营造，将项目实施的成效持续下去，成为社会组织伙伴尤为关注的问题。

2022 年 1 月 10 日，受新冠疫情影响，围绕社区营造，“绿缘计划”项目组组织线上社区营造工作坊，邀请该经验丰富的岩羊老师在线分享不同的社区营造案例，并组织社会组织伙伴就该议题在线分组讨论，拓宽了社会组织伙伴社区工作的视野和思路。

线上社区营造工作坊赋能受到社会组织伙伴的欢迎和肯定，94.2% 的社会组织伙伴认为社区营造线上工作坊回应了他们的困惑，并考虑将学到的理念和手法运用到工作中。部分社会组织伙伴还建议，将线上的方式调整为线下，对案例展开更为具体的剖析，以方便大家对分享内容的理解和运用。

5. 本阶段的行动成效

（1）弹性调整项目监测管理，支持社会组织应对新冠疫情挑战。

项目实践与过程赋能阶段自 2021 年 5 月下旬开始到 2022 年 2 月结束。在此期间，北京分别于 2021 年 7 月底、10 月中下旬、11 月中旬发生了 3 次新冠疫情反弹，疫情对“绿缘计划”整体推进造成了很大的影响，无论是“绿缘计划”项目组的赋能工作，还是各社会组织项目的实施，都因疫情而滞后，遇到不同程度的挑战。支持性监测评估工作的开展与原计划差异较大，“绿缘计划”项目组结合疫情调整了项目监测管理方式，实行弹性管理这些调整不同程度地支持了社会组织应对疫情带来的挑战。

（2）圆桌辅导会得到社会组织的普遍肯定。

从签约仪式后举办的伙伴交流会到线上社区营造专题分享会，及5次圆桌辅导会，满意度都在85%以上，从不同的维度回应了社会组织伙伴的需求。特别是项目中期辅导会大家评价最高，社会组织对于参访优秀环保机构并与其交流学习的形式很是认同。这在一定程度上验证了社会组织伙伴在社区环保方面的工作经验较少的评估。相对于培训授课类的赋能方式，参访学习能够马上和社会组织的工作联系起来，获得的启发和鼓励更为深刻。

（3）社会组织社区环保服务的规范性和专业性得到提升。

在实地走访监测中，“绿缘计划”项目组通过服务现场观摩各项目的实施情况，并在服务结束后与项目执行人员沟通，形成详细的书面监测报告，社会组织普遍反馈实地走访监测受益较多。

> “绿缘计划”项目组到我们这里开展了走访督导活动，不仅参与了第二场“社区环保小集市”活动，而且针对活动中出现的问题，给了我们很多建议，保证活动持续的方法有了更好的提升，我们也进一步深入内化了社区环保理念，受益匪浅。
>
> ——朝阳区亚运村立德社会工作事务所
>
> 这次社区环保亲子活动在现场效果和内容环节上都获得了“绿缘计划”项目组非常及时的指导，从内容环节的设计、项目核心目标的把控、基础设施的准备，还有活动可能面临的风险和挑战、多元化筹资等方面，项目组都给了我们建议。这些为我们后面开展社区环保活动打开了思路。
>
> ——北京美丽人生社会工作服务中心

6. 本阶段的行动不足

（1）在提供及时性支持方面存在不足。

2021年5月下旬至6月，大部分社区环保项目陆续启动；7月底，项目遭遇第一波新冠疫情的影响，暂缓开展时，应及时电话跟进监测，了解社会组织在疫情中遇到的困难，及时给予反馈。

（2）在加强社会组织社群互动交流方面存在不足。

社会组织的中期报告在 9 月底、10 月初完成递交，项目中期辅导会时间安排太迟。虽受 10 月下旬、11 月中旬两次疫情反弹的影响，但在项目管理上还是需要进一步改善，比如更为及时地调整中期辅导会，由线下调整为线上开展，以便更及时反馈项目实施中的问题，分享经验，加强社会组织间的互动和支持。

另外，2021 年 8 月下旬至 12 月中旬之间，虽然自 9 月开始，“绿缘计划”项目组启动了密集的支持性走访监测评估，与大部分社会组织面对面交流，但缺少团体性的互动和反馈支持。

（3）未能贯彻双月度简报收集工作。

“绿缘计划”项目管理未能贯彻双月度项目简报收集和传播的工作。虽该项工作不是“绿缘计划”项目设计中的必做内容，但从更充分地了解社会组织项目实施进度，为其提供及时的支持，有效影响社区环保相关方等角度，双月度简报的收集很有必要。

“绿缘计划”项目组在 7 月底收集了一次双月度简报后，后续没有延续该项工作，虽然当时考虑到 9 月底收集中期报告可以暂缓收集双月度简报，以减少社会组织文书方面的压力。但从项目管理的角度还是需要坚持项目管理的规范性与严谨性原则，实际上，因为双月度简报贯彻不足，影响了原计划的项目传播工作的开展。

出现以上三种情况的原因，一方面是此间项目团队人员变动；另一方面是项目负责人没有严格落实项目管理规范。

7. 本阶段的行动反思

（1）弹性的资助支持更有助于社会组织应对疫情等挑战。

因为疫情影响，无论是资助工作的开展还是支持性监测评估工作的开展，都出现了延缓及部分内容无法开展的情况。作为“绿缘计划”资助方，万科公益基金会信任资助的社会组织伙伴，给予其相对弹性的资助要求。无论是项目申请延期，还是项目变更执行方式及内容，只要是基于实际情况、在条件允许的情况下有助于项目目标实现的调整，它都能给予支持。

这和“公益 1 + 1”资助行动的理念不谋而合，也给了“绿缘计划”项目组推进项目的信心，从而能给予受资助社会组织必要的反馈支持，助力受资助社会组织围绕项目目标开展行动，避免出现唯项目指标论问题。

（2）相信伙伴的力量，相信协作的力量。

除了受新冠疫情的影响，项目实施中的一些挑战也不期而至。如有的项目落地社区遭遇了变压站爆炸不得不暂停项目工作，有的项目落地社区物业与业主间矛盾激化，有的项目社区居民与居委会间矛盾激化等意外情况不一而足。

“绿缘计划”项目组在支持性监测中，了解到社会组织伙伴面临的不同困难，给予了较为充分的倾听和陪伴，一方面就具体问题和社会组织伙伴进行商讨，包括链接专家资源；另一方面鼓励社会组织伙伴，并对项目实施的节奏、周期给予充足的调整余地，让社会组织伙伴有空间、有时间找到调整的突破口。对社会组织伙伴的信任，以及对其协作能力的信任，能激发社会组织伙伴在实践中焕发更大的智慧。事实证明，意料之外的困难都能被社会组织伙伴一一应对克服。

（3）面对疫情防控限制，化整为零开展支持性监测评估工作。

①在没有条件开展线下大规模聚集活动的情况下，过程赋能阶段需要适当增加线上“一对一”个别化督导的频次，就项目进度、实施中的困难和经验进行交流，以加深与社会组织间的信任关系，从而更进一步激发社会组织伙伴在项目执行中的主动性与创造力。

②组织项目内容或项目策略接近的社会组织伙伴一起开展小范围的辅导或专题培训。

③大多数社会组织伙伴对中期辅导会中的本地参访环节印象深刻，觉得受到比较大的启发。本地参访的组织成本比外地参访要小，组织方式相对灵活，未来可以细分核心议题，到有相关经验的本地社会组织开展参访学习。

以上这些化整为零的策略，有助于更灵活地应对疫情的影响，更为深入地建设小范围社会组织伙伴关系，方便“绿缘计划”项目挖掘社会组织伙伴骨干，营造团队学习和互助氛围，从而有助于实现搭建社会组织交流学习平台这一目标。

（4）加强项目实施过程的传播，提升社会组织参与社区环保的影响力。

在项目实施与过程赋能阶段，“绿缘计划”项目组对项目实施的相关内容传播推广不够，对于项目利益相关方、受资助社会组织的激励不足。

虽然在此阶段有一篇监测走访的传播稿件，但如何提高社会组织伙伴的传播意识和能力？如何让利益相关方特别是政府部门看见社会组织的行动，反过来激励社会组织伙伴产生更大的动力做好传播？需要“绿缘计划”项目组在未来进一步加强策划和实践。今后，一方面可以收集反映项目成效的简报、故事、小案例等，借助各类媒体渠道发布；另一方面打通政府相关部门的传播渠道，让政府相关部门看到社会组织的参与成效。

（四）项目总结与评估赋能阶段

1. 本阶段的行动假设

本阶段的行动假设：一是通过对社会组织伙伴项目总结的评估与反馈，促进社会组织伙伴对项目的完整复盘，一方面总结有效经验；另一方面梳理问题并发现更优的方案或策略，为后续的社区环保实践积累经验。在复盘总结与评审反馈中，能够进一步提升社会组织介入社区环保的专业能力和自信，激励社会组织持续参与社区环保实践活动；二是通过项目结项评审，筛选出一批有持续资助价值的社会组织伙伴；三是展示项目成果，增进社会各界对社会组织参与社区环保的了解和支持。

2. 本阶段的工作目标

（1）通过总结评估社区环保项目实践，协助“绿缘计划”社会组织伙伴总结经验教训，进一步提升其社区环保介入、项目总结评估、汇报展示等方面的专业能力。

（2）通过对“绿缘计划”资助与赋能工作的总结评估，总结资助赋能行动的经验和教训。

（3）通过社会倡导活动，向社会各界分享展示“绿缘计划”资助和赋能社会组织参与社区环保实践的成果与经验教训，增加社会各界对社会组织参与社区环保的了解和支持。

3. 本阶段的工作计划

（1）项目结项评估。开展社区环保项目的结项走访及评估工作，协助社会组织伙伴更全面总结项目执行过程的经验与教训，以评促建，支持项目顺利结项。

（2）项目行动研究。研究总结社会组织参与社区环保项目实践的经验，形成案例报告，遴选出至少 8 家社会组织的优秀经验编入案例集。

（3）项目成果展示及推介。对社会组织的优秀项目进行汇报展示，广泛邀请社会各界参观，并请媒体对“绿缘计划”项目成果进行系列报道。

（4）政策倡导。梳理形成促进社会组织参与社区环保工作的政策建议或两会提案，推动有关政策的制定出台，同时倡议号召基金会、企业等资源方关注并支持社会组织参与社区环保工作。

4. 本阶段的实际行动

（1）社区环保项目结项评审。

1）结合社区环保项目特点，设计项目结项报告和项目案例写作模板，收集相关项目资料。

2）举办线下结项评审会。2022 年 3 月 7 日至 9 日，集中开展为期 3 天的社区环保项目结项评审会，其中半天为专家评审小组合议及总结。为每个受资助社会组织提供 40 分钟的汇报和答辩时间，让它们进行充分的结项汇报，然后由“绿缘计划”项目组成员、公益导师、外部专家共同组成评审团队，进行评审打分和合议。

“绿缘计划”项目组为了保障评审的公正公平，筛选出“绿缘计划”第二期持续资助的社会组织伙伴。一是邀请内外部专家组成评审团队。二是在专家独立打分的基础上由评审团队进行合议讨论，最大限度达成共识。评审专家来自万科公益基金会、北京沃启公益基金会、北京市石景山区阿牛公益发展中心、北京工业大学以及“绿缘计划”项目组。不仅包括在“绿缘计划”中参与较多具有实务经验的专家，还包括有可持续社区发展项目资助经验的基金会专家，以保证项目评审更专注于实务视角和行业视角。

项目评审打分的标准主要包括以下几点：①项目服务质量，包括结项路演汇报表现、过程性监测体现出来的实施质量；②项目财务管理；③项目档案管理，包括结项档案材料、过程性监测的档案材料情况；④过程性监测表现，包括过程中的实施表现、对“绿缘计划”社会组织社群的贡献、“绿缘计划”集体活动的参与情况。

在评审打分维度中（见图1－19），不仅考虑结项汇报的表现，还考虑通过项目档案和走访监测评估对项目质量进行多维度综合评估的情况，预防“擅长做不擅长说”和“擅长说不擅做”情况的发生，同时提升结项评估会分值。参与结项评估会评分的人员包括“绿缘计划”项目组和外部专家，最大限度保障评审打分的公平性。

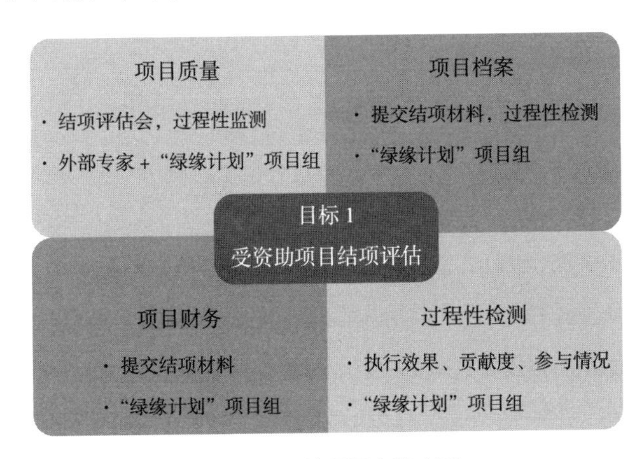

图1－19　结项评审维度图

（2）筹备项目成果展示推介会。讨论策划并形成成果展示会方案，但因为新冠疫情影响，推介会没有实际开展。

（3）项目传播。结合国际社工日和国内社工宣传周，形成1篇项目传播稿件和1篇“绿缘计划”项目案例，在“协作者云公益”微信公众号、《公益时报》《北京社会组织》（内刊）传播。

（4）推进行动研究。编制调研问卷开展社区环保项目实践全过程的评估调研和分析，为行动研究进一步提供研究素材。

《“公益1＋1之绿缘计划——北京社会组织可持续社区环境建设（社区环保）赋能项目”调研问卷》通过电子邮件发给受资助的21家社会组织，以了解项目实践的成效、持续参与社区环保的问题与需求，了解对“绿缘计划”资助赋能的反馈建议，并收回了21份调研问卷。其中，17份调研问卷由社会服务机构项目负责人（9位）、项目主管（3位）、项目督导（2位）、项目主要执行人（1位）和项目助理（2位）填写，另4份调研问卷由辅助社区社会组织实施项目的居委会社区工作者填写。

5. 本阶段的行动成效

（1）结项评审会实现了专家赋能与同伴支持的效果。

不同于一般的结项评审，“绿缘计划”项目组融入了专家赋能与同伴支持的视角。结项评估工作从原计划的单独走访评审每家社会组织调整为社会组织伙伴集中汇报路演。

一方面，“绿缘计划”项目组为项目路演汇报和反馈安排了充足的时间；另一方面，“绿缘计划”项目组开放了整个项目路演汇报过程，让所有结项社会组织伙伴都可以全程观摩，都有机会通过提问交流相互学习。结项评审会将“绿缘计划”赋能与同伴支持的视角理念贯彻到底。

> 在项目结项汇报的过程中，（我们）学习到了其他社会组织的经验，同时通过沟通交流与其他社会组织建立了联系，为日后项目的策划和开展提供了宝贵的经验。
>
> ——朝阳区东风苑社区音缘益佳志愿服务社

（2）筛选出有持续资助基础的社会组织伙伴。

本阶段最大的成果是21个受资助社区环保项目均取得了较好的实施效果，顺利完成了结项工作。项目结项评审会对社会组织伙伴取得的成就给予了充分的肯定，超过50%的社会组织的项目获得了持续资助。其中，社区社会组织因在社区多方联动上的优势明显，下一阶段获得的资助得到了升级。

（3）结项评审会得到政府相关部门的认可。

结项评审会增加了利益相关方的视角，邀请了“绿缘计划”指导方，北京市社管中心服务发展处赵志海副处长出席评审会，同时邀请到北京市民政局基层政权与社区建设处尹长生副处长观摩。两位领导都对这一结项评估方式表示肯定，尹长生副处长更是拿出了一整天的时间观摩，他反馈道：“‘绿缘计划’做的事情，也是我们关注的。今天受益匪浅，希望未来多互动。”赵志海副处长则对评审会的方式表示赞许：“这样的评审方式很值得北京其他市级社会组织支持基地学习。”

（4）结合宣传热点，扩大“绿缘计划”的社会影响力。

结合国际社工日“共建生态社会新世界”和民政部社工宣传周“五社联动”聚合力，“社会工作服务暖基层”主题等宣传热点，项目组根据“绿缘计划”项目的特点，撰写《“公益1+1”助力“五社联动”模式，推动社区可持续发展》一文，将“绿缘计划”的设计与实施情况梳理成案例在“公益时报”微信公众号、《北京社会组织》（内刊）、新浪网及新浪财经头条、《长江商报》等多家媒体发布，扩大“绿缘计划”的社会影响力。

6. 本阶段的行动不足

（1）结项评估中影响利益相关方的评估视角不足。

在社区治理背景下，社会组织只有增强与政府各部门、物业等社区内外部利益相关方的沟通和联动，才能够联合多方力量持续推动社区环保工作。此外，“绿缘计划”项目组也应在资助与赋能的行动成效评估中增加影响利益相关方视角，系统化地改善社会组织参与社区环保的环境。

因此，未来针对“绿缘计划”资助的项目评估，一是需要对利益相关方的影响开展评估；二是需要对受资助社会组织在项目实践中影响利益相关方的效果开展评估。

（2）“绿缘计划”行动研究工作推进缓慢。

“绿缘计划”行动研究报告的撰写过程十分艰难，几易其稿，包括推倒框架重新书写。主要原因在于，项目团队在资助赋能行动中，对行动过程与行动研究相结合的要求内化不足，项目执行团队没有按照既定的要求做好每天的工作日志，在项目管理过程中缺少对各阶段行动研究的跟进梳理，因此在研究报告成稿阶段，需要复盘进行较大量的资料梳理和整合工作。

（3）成果展示会因新冠疫情而延迟，结项工作推进缓慢。

为了能够在线下更好地展示交流成果，项目成果展示会因为疫情两度推迟，导致项目总结的过程不连贯，对受资助社会组织伙伴持续参与社区环保的激励大打折扣。

7. 本阶段的行动反思

（1）加强对社会组织伙伴项目反思与总结能力的支持。

在受资助的社会组织项目结项评估资料收集期间，社会组织伙伴填答的评估问卷或撰写的案例，大部分都写得过于简略，或逻辑不清，或缺少相对深入的思考和总结，这反映出社会组织伙伴思考总结和书写的能力还需进一步提升。

尽管社会组织伙伴有很多源自实践的经验和智慧，他们往往可以生动地讲述案例，但在转化成书面语言时，遇到了困难。这是“绿缘计划”项目组在未来赋能设计中需要加强回应的内容。而在这一阶段，在对评估问卷信息收集与初步分析后，“绿缘计划”项目组最好能跟进部分社会组织伙伴的访谈，以获得其对“绿缘计划”项目相对深入的反馈意见。

（2）积极做好项目规划，规范项目管理。

“绿缘计划”项目负责人需要提升项目管理能力，严格按照项目管理制度推进每个环节；更为积极地应对项目挑战，紧密围绕项目目标作出调整，积极寻求内外部的支持，发挥团队的力量，尽最大努力减少消极影响。

五、“绿缘计划”的服务成效

“绿缘计划”的服务成效体现在对社区环保的直接服务影响、对社会组织专业支持影响、对公益生态建设的社会倡导影响三个方面。

（一）对社区环保的直接服务成效

“绿缘计划”受资助项目服务范围覆盖北京市昌平、朝阳、大兴、东城、海淀、西城、通州7个区的17个街道或地区的33个社区、47个小区。开展多形式多主题的服务超610次；服务59993人次，38090人；培育志愿者队伍47支；印发宣传单页手册海报等资料超过8900份。通过对评估资料的分析发现，项目对所服务社区的环境、居民对环保的认知和行为、社区的整体氛围都有不同程度的改变。

1. 社区环境得到改善

71.43%的项目落地社区的环境得到改善。主要表现为垃圾处理、分类、回收更为规范，垃圾桶满冒、错投率降低，垃圾实现减量，垃圾破袋入桶率提高。

此外，38.1%的社区环境通过绿化带与花园共建、垃圾净滩、改善垃圾处理设施等措施而得到美化。

> 通过不断实践，将理念与社会实践相结合，注重社区组织骨干的培养，通过组织赋能和行动赋权，激发组织骨干的参与意识，提升组织骨干的参与能力，并以此带动社区居民的参与意识，实施更多的环保行动，通过垃圾分类宣传、节能环保行动倡导、堆肥、旧物利用、垃圾减量行动和花园共建，一起来实现社区环境的美化和资源的可持续发展。
>
> ——西城区睦友社会工作事务所

2. 居民对社区环保的认知与行为得到改变

受资助社会组织通过社区宣传、站桶指导和入户指导、志愿者与社区骨干带动、环保活动带动等方式，促进了社区居民对社区环保的认知和行为改变。据评估资料统计，100% 的项目落地社区居民对环保认知和行为有改变，其中，67% 的项目落地社区居民垃圾分类知识获得增加，参与垃圾分类的意识得到提高。

“绿缘计划”的实施带动了包括社区儿童、青少年、家长、退休老人、居委会、物业、商户、企业、学校、媒体、游客等群体的环保行动。社区居民参与的环保行动包括垃圾分类与减量、垃圾堆肥、制作酵素、旧物置换、旧物改造等垃圾回收利用活动，以及净化社区、共建绿化带与花园等社区环境美化活动。

> 刘凤霞是 2 单元的楼门长，同时也是“绿色使者”垃圾分类队伍 2 组的组长。她与其他志愿者在开展志愿服务的过程中，发现了 2 单元有一层楼的租户，全把垃圾放在楼道内，楼道里经常发出恶臭味，不仅不符合垃圾分类的要求，还存在安全隐患。她带着志愿者们挨家挨户地入户沟通，宣传垃圾分类的知识，还把自己的电话留给了他们，告诉他们以后有困难就找她。4 家租户表示：“很高兴生活在东风苑的大家庭，在这里找到了‘家’的感觉。以后会规范投放生活垃圾。”
>
> ——朝阳区东风苑社区音缘益佳志愿服务社

92.8%的居民认为垃圾分类打卡等项目活动有助于增强居民垃圾分类的意识，能够帮助居民逐渐养成垃圾分类的习惯；2个试点小区垃圾分类正确投放率平均提高了69.13%，有效地促进居民参与可持续环境建设。

——大兴区助兴社会工作事务所

3. 促进了社区参与和社区互助文化建设

随着"绿缘计划"项目的实施，社区居民对社区事务的参与和主人翁意识逐渐提升，居民之间的关系也逐渐发生积极变化，居民的社区归属感和凝聚力得到加强，友爱、互助、和谐的社区文化氛围显著增强。

评估显示，90.48%的落地社区领袖与志愿者骨干积极参与社区环保服务，并带动社区居民参与；61.9%的落地社区形成了社区环保参事议事的机制；61.9%的落地社区借由社区环保活动，增加了社区人文关怀和互助氛围。

随着活动的开展，志愿者间的了解、互动越来越多了，群里经常会看到他们的互动，有发天气预报的、有发新闻报道的、有发过节祝福的，还有几个阿姨经常一起跳广场舞。志愿者陈叔叔说："住到善缘家园社区十几年了，认识的人还没有参加这次'绿缘计划'项目志愿者活动时认识得多。"

——昌平区仁爱社会工作事务所

永铁苑社区的居民骨干在节假日为垃圾分拣员送饺子，居民这种自发的行为，是社区的正能量。

——石景山区善度社会服务创新发展中心

（二）对社会组织的专业支持的成效

"绿缘计划"始终坚持资金资助与专业赋能两条路线并行的专业支持策略，围绕社会组织在社区环保领域的破圈目标而展开运作。21家参与破圈实践的社会组织，也在项目实践中坚定了介入社区环保服务的信心，它们的社区环保视野更为开阔，社区环保介入能力也得到了较大提升，对社区环保政策也有了更多接地气的反思，有了更强的参与主体意识和角色认同感。社会组织的成长转变具体表现在以下几个方面。

1. 参与社区环保专业认知的转变

在“绿缘计划”项目开始阶段，很多社会组织因筹资难而申请加入“绿缘计划”；而在项目结束时，很多社会组织伙伴认识到，垃圾分类等社区环保是社区服务的重要抓手，从被倡导者转变为积极的参与者。“绿缘计划”第一期项目结束后，21 家受资助社会组织伙伴均表示，社区环保工作已成为他们今后的重点工作领域之一。

2. 社区环保专业能力的提升

社会组织环保专业能力的提升是多方面的，所有社会组织伙伴均表示他们的“社区环保工作理念和方法方面的认知”“社区环保项目设计能力”“社区环保组织动员能力”得到提升，90.48%的社区环保志愿者骨干的能力得到提升，51.74%的社会组织在社区环保自组织培育与协商机制共建方面的能力得到提升。

> 在桶前值守引导居民垃圾分类习惯养成期间，社团 30 位成员克服一切困难无一缺席，他们排班上岗引导居民正确分类垃圾。社团负责人柏月凤阿姨几乎每天早上和晚上都要去桶前值守点慰问社团成员，并且协助他们开展引导工作。社团成员勤勤恳恳地坚守在垃圾分类一线，并不断动员社区居民积极参与垃圾分类活动，对于垃圾放错的居民细心指导，经过不断宣传、动员、科普，整个石佛营东里社区垃圾分类情况有了明显的好转，动员了 700 余户 1300 多位居民积极参与垃圾分类。
>
> ——朝阳区东风地区石佛营东里社区“社区守望者”六包队伍社团
>
> 所有的赋能活动都很有帮助，对我们影响和帮助最大的是资助前的赋能工作坊，有机会全面了解评估相关情况，直接影响了我们后来的决策和项目设计。
>
> ——东城区三正社工事务所

3. 可持续发展理念的增强

社会组织提高了社区工作的可持续发展意识，在服务中增加了社区营造等社区可持续发展的行动策略。此外，多数社会组织在项目中提升了项目管理、项目评估、项目总结、项目宣传、关系协调、资源链接等能力，注重组织的可持续发展。其中，66.67%的社会组织的项目管理能力、71.43%的社会组织的项目评估能力、85.71%的社会组织的项目总结能力、61.9%的社会组织的项目宣传能力、76.19%的社会组织的关系协调能力、90.48%的社会组织的资源链接能力得到不同程度的提升。

园所教职工对于“零废弃”的理念有了更深入的理解，并能在日常工作和生活中运用。比如，用果皮厨余垃圾制作酵素，用酵素来清洗卫生间，减少清洁剂的使用。菜根清洗干净拌成咸菜，（废）菜叶进行堆肥。这些意识的改变是通过理论学习和经验分享而获得的。

——朝阳区启明国风幼儿园

团队的评估意识增强，更加关注服务对象参与的自主性。

——西城区睦友社会工作事务所

团队对项目管理的综合能力提升了；对环保项目的实操能力增强了；团队间协作的能力提升了；项目运作的信心提升了。还有“绿缘计划”项目群会分享北京协作者课堂的培训信息，我们听了社会组织品牌建设培训后，主动与老师建立了联系，老师邀请我们参与相关品牌项目的联合传播，增加了我们机构品牌“曝光率”。

——昌平区仁爱社会工作事务所

项目得到文旅部的支持，它们提供专业的景区、游客宣传页、志愿者以及相关媒体资源，加大了柳荫街社区垃圾分类的宣传力度。

——西城区睦邻社会工作事务所

项目得到观音寺街道社区社会组织联合会提供的支持资源，为项目的宣传和培训活动提供了很大的支持，联合会还协助进行宣传和动员工作，并在培训活动中提出指导意见。

——大兴区众合社会工作事务所

自然之友为本项目提供讲师团队和技术支持团队。自然之友长期在东坝千亩湖湿地公园组织河流净滩活动。它们的专业环保团队导师在本项目中给予了技术指导和活动支持，在组建社区特色“高知青年垃圾分类志愿者”队伍过程中提供培训和督导。

——美丽人生社会工作服务中心

机构链接到双合家园社区、双美家园社区公益金资源，用于2021年有关环保主题服务。

——朝阳区亚运村立德社会工作事务所

4. 自我赋权与赋权社区居民

社会组织不仅认识到自身参与垃圾分类等社区环保工作的价值，认识到自身参与的主体性，还认识到社区可持续发展工作中居民持续参与的意义，注重在项目实践中挖掘社区居民的内生力量，培育居民骨干和志愿者带动居民持续参与。评估显示，90.48%的社会组织培养社区环保志愿者骨干的能力得到提升，51.74%的社会组织在社区环保自组织培育与协商机制共建方面的能力得到提升。

在身边榜样的引领和奖励活动、预约回收卡片等活动的带动，以及“一分二查三劝导”志愿服务的引导督促下，越来越多的居民会在家主动将垃圾分类放置，到桶前会破袋投放厨余垃圾，居民垃圾分类的参与率大大提高了。

——朝阳区东风苑社区音缘益佳志愿服务社

在社区环保治理实践中，从居民的社区意识、居民的参与意识、居民的自组织建设、居民的自治模式等方面摸索总结，形成一种较为成熟的模式。

——朝阳区东风观湖国际社区荟萃社

我们发展了居民骨干31人，分布在两个社区，他们从社区居民到垃圾分类骨干，从自己学会分类到指导居民分类，逐渐形成组织。有组织、有分工，其改变是巨大的，大家也都很有信心继续努力下去。

——石景山区善度社会服务创新发展中心

> “两委”班子最初对我们的环保介入有所质疑，合作比较消极。后来，我们认识到要做的第一件事情就是争取到社区书记的支持，就花了很多的时间单独和书记沟通，分享我们曾经服务培育的社区志愿者队伍在社区治理中发挥的作用，指出社区治理的有效性一定是建立在多方通力合作的基础上，社会组织有社会组织的优势，社区“两委”有社区“两委”的优势，前期我们需要社区“两委”在人员招募、居民动员上提供有效的支持。取得书记的认同和积极支持后，我们和“两委”召开了工作动员会，达成合作的共识，最终将“两委”的积极性和潜能给带动起来，后续的合作顺利了很多。
>
> ——昌平区仁爱社会工作事务所

（三）对公益生态建设的社会倡导成效

“绿缘计划”的探索丰富了“公益1+1”资助行动致力于打造的良性公益生态实践，验证了“环保破圈”的可行性。

1. 推动了良性公益生态的建设

“绿缘计划”的设计与实施过程在“公益1+1”资助行动框架下展开，让政府相关部门关注社区环保与社区可持续发展的基金会和专家等资源，在社区开展民生服务的社会服务机构和社区社会组织，通过北京协作者连接起来，共同投入可持续社区环境的建设中，初步探索出以社区为服务平台、以社会组织为组织载体、以社会慈善资源为支持动力、以社区志愿者作为重要力量、以社会工作为专业支撑的“五社联动”社区环保工作模式。

> 政府提供政策指导，资助方提供资源支持，支持性组织提供专业支持，社会服务机构专注于搭建服务行动的公益生态链，很好地整合了各方资源，发挥了各自的优势，共同为可持续社区环境建设发力。
>
> ——海淀区北城心悦社会工作事务所
>
> “公益1+1”这种政府提供政策指导、基金会提供资源支持、支持性组织提供专业支持、社会服务机构专注于服务行动的良性公益生态模式，明确了各方功能和定位，使社会治理主体各司其职，充分发挥各自

优势，为基层社会组织提供了更多的机会和平台，促进社会组织参与，实现社区环保领域的“共建共治共享”社会治理格局。

——大兴区众合社会工作事务所

“绿缘计划”的成效表明，以资助赋能的方式支持社会组织参与社区环保的模式是值得借鉴的，非环保领域的社会组织参与社区环保的“破圈”是可行的，在国家“双碳”目标的背景下，更凸显行动的价值。而“绿缘计划”第一期项目结束后，21家受资助社会组织伙伴均表示，社区环保工作会成为机构未来的重点服务方向之一。

2. 扩大了社会组织参与社区环保的社会影响

在媒体传播方面，社会组织伙伴自制社区环保宣传视频70个，自主开展自媒体宣传文章413篇，向社会公众特别是项目落地社区居民传播项目理念、做法与成效，提升公众和社会组织参与社区环保的意识和能力。“绿缘计划”在启动仪式中，通过与直播平台合作向8.2万人次实时传播“公益1+1”理念和“绿缘计划”安排。项目得到《公益时报》《北京青年报》《北京社区报》、中国网、中华网、环球公益网、搜狐网、公益中国、新浪、网易、华夏视点、今日头条、腾讯新闻、人民论坛网等媒体共计78次报道。

在项目模式推广方面，2022年1月5日，继在北京实施“绿缘计划”之后，万科公益基金会将“绿缘计划”赋能社会组织推动社区环境可持续发展的“北京经验”推广到深圳地区，启动“绿见社区·益创未来——深圳社区环境可持续发展支持计划”（简称“绿益计划”）。由万科公益基金会资助，深圳经济特区社会工作学院负责实施，该项目计划从调研、项目资助、能力建设、智库打造四个方面探索社会组织参与社区可持续环境建设的方法和路径，推动形成深圳社区绿色发展方式和生活方式，搭建多元共治的深圳绿色社区行动体系，总结绿色社区和无废弃城市创建的“深圳经验”。同时，“绿缘计划”的案例也被写入《共创公益新生态：“公益1+1”资助行动的实践研究报告》，该报告刊登于《中国社会组织蓝皮书（2022）》。

六、研究发现

基于促进更有效地行动的研究目标，我们将本次研究发现分为可供借鉴的有用经验，以及需要在下一步行动中警惕和避免有待完善之处。

（一）有用的经验

在“绿缘计划”项目资助和支持赋能的历程中，我们也时不时地自我提问——我们如何找到那些真正富有使命感和行动力的社会组织，竭尽所能地去支持他们？我们如何找到和他们一起解决基层实际困难的有效方法，而不仅是从项目指标完成角度进行项目管理？我们如何推动社区可持续发展领域的良性公益生态的构建，建立相互支持的伙伴关系？

因此，“绿缘计划”对社会组织的资助，并非传统的资助项目，而是在“公益 1 +1”资助行动框架下的以促进社会组织可持续发展，从而更有效地参与公益生态建设。基于该逻辑，“绿缘计划”探索出一些富有特色的经验。

1. 基于信任与尊重的服务理念

理念是一个组织如何认识服务问题，如何看待服务对象，如何处理合作关系，如何选择服务策略的价值指引。“绿缘计划”的成效首先取决于正确的工作理念。

（1）将社会工作专业理念融入“绿缘计划”。

作为社会工作专业机构，北京协作者无论是在组织管理还是在项目服务上，均秉持“团结协作　助人自助”的组织理念。北京协作者在长期的社会组织培育实践和调研中发现，社会组织除了有普遍的技术、资金、信息、人才等显性需求，还有渴望被尊重和被承认的隐性需求，尤其是草根组织。发端于基层的草根组织，并不缺少发展的智慧和生存的能力，而是缺少信任、平等、开放的发展环境。

正是基于上述认识，作为“公益 1 +1”的发起方，北京协作者将“团结协作　助人自助”的理念融入项目，确立了“公益 1 +1”“相信伙伴的力量，相信协作的力量”的资助理念。一方面秉持“相信协作的力量”的理念，团结政府、基金会、社会服务机构和专家等各方力量，形成协作合力；另一方面秉持“相信伙伴的力量”的理念，坚信每个肩负使命的社会组织皆有美好的愿景与行动的智慧，将受助的社会服务机构视为伙伴，给予尊重和信任，确立了“一个前提，两个明确，两个不限，两个鼓励”的资助原则，将自主空间最大化地交给一线机构。

（2）具有共同信念的合作伙伴关系。

资助不仅是钱的问题，更关乎公益发展路径的选择问题，因此，找到志同道合的资源方尤为关键。“公益 1 +1”选择合作基金会的标准是：不只是为了基金会自身发展，还具备草根组织视角，以推动公益行业发展为己任。

万科公益基金会以建设“可持续社区”为战略目标，在社区环保领域已经深耕多年。万科公益基金会陈一梅秘书长在“绿缘计划”项目启动会上表示：“万科公益基金会有一个重要的理念叫‘建设公益强生态’。它的第一个特点是多元，涵盖了垃圾分类与社区治理链条上多个利益相关方，尤其是社会力量；第二个特点是互动，不同利益相关方之间展开合作，相互学习；第三个特点是生长的，对社区、地域、城市甚至是国家都会产生很大的影响力。‘绿缘计划’将为可持续社区环境建设增添新的生长力量。”[①] 而在万科公益基金会“公益 1 +1”的工作团队中，前秘书长陈一梅、项目总监刘源和项目高级经理林虹都有着丰富的国际社会服务机构工作经验，具有极为专业的公益素养，在合作的每个环节都会站在推动公益生态建设的立场上思考，并给予合作伙伴极大的信任和支持，这和“公益 1 +1”的工作理念不谋而合。受疫情影响，项目出现延缓及有些内容无法开展时，无论是项目申请延期，还是项目变更执行方式及内容，只要是基于实际情况及在条件有限的情况下最大化地考虑到有助于项目目标实现的，万科公益基金会都能给予支持。

正是基于共同信念，“绿缘计划”在新冠疫情最复杂的两年中，面对外部环境不确定性的影响，有能力应对各种挑战，“合理有效”地支持受资助机构的工作。

2. 资源支持与能力建设并重的资助模式

“绿缘计划”形成了从资金到技术、从方法到信心，资源支持与能力建设并重的资助模式，全过程支持社会组织项目落地。

“公益 1 +1”以社会组织最急需的资金支持为核心，开展综合性扶持，不

---

① 协作者云公益：《“公益 1 +1”启动绿缘计划资助行动，支持社会服务机构参与社区环保》，https://mp.weixin.qq.com/s/8JKbCHmVVDN0_Mlcpvt0Tg，最后检索时间：2022 年 10 月 11 日。

仅帮助受资助组织缓解了疫情下的生存困境，并依托资助过程探索资源支持与能力建设并重的资助模式：

（1）项目征集阶段。面向有意愿申报的组织开展赋能工作坊，增强社会组织对社区环保议题的理解，提升它们的项目设计能力，结合组织特点参与项目申报。

（2）项目遴选阶段。引入专家导师力量，从文本初审到答辩复审，均从项目改进角度给予反馈，无论最终是否入围，都支持组织了解项目可提升之处。

（3）项目签约阶段。针对入围初步确定资助的项目，提供项目方案的优化辅导，支持入围组织厘清项目逻辑。

（4）支持性监测阶段。围绕受资助组织在实践中遇到的问题和挑战，提供陪伴式的指导，包括专题培训、圆桌辅导会、“一对一”辅导等支持性服务，促进受资助组织提升专业能力；组建公益导师团队，分组跟进，提供执行中的过程性指导支持；发掘伙伴力量，推动构建同伴支持网络，增强彼此信心。

（5）项目结项阶段。面向资助社会组织开放举办项目评估，能力建设融入项目评估总结。并通过项目成果展示活动，提升社会组织品牌影响力。

3.“五社联动”多方参与的协作机制

“绿缘计划”形成了整合政府、基金会、行业领域专家、支持性组织等多方力量组成支持联合体，共同为社会组织项目落地提供支持的协作机制。

垃圾分类本质上是社会治理的过程，需要多元主体协同参与，形成多元共治局面是确保成效的保障。而“绿缘计划”作为“公益1+1”资助行动框架下聚焦社区环保议题的项目，秉持“公益1+1”资助行动的目标，即打造良性公益生态，实际上暗合了社区环保议题需要多元主体协同推进的思路，由此，多元主体协同参与既是目标也是有效的方法。这其中，最关键的是构建起“政社协作”和“五社联动”两个机制。

（1）构建“政社协作”机制。

政府和支持性社会组织在“公益1+1”中扮演着“+”的角色，是链接起两个“1”的中坚力量。北京协作者作为承接北京市民政局委托的市级社会组织支持平台的运营方，在联动政府部门方面具有明显的优势，并积累了丰富的经验，这些经验被充分应用到“绿缘计划”中，具体表现为建立“边界清晰、优势互补、多元互动”的政社协作机制，首先是政府和支持性组织回归到政策指导和专业支持的各自功能定位上，在划分好合作边界的基础上，充分发挥民政部门作为社会组织登记管理部门的行政优势，从对“基线调研”提出指导意见、动员社会组织参与，到出席发布会、项目签约仪式等重大项目活动，为“绿缘计划”的实施起到了政策指导的作用，极大地鼓舞了项目各方的信心与动力。而北京协作者发挥社会工作的专业服务、资源整合、研究倡导、赋权增能等专业优势，将“团结协作，助人自助”的组织理念融入“绿缘计划”，确保各方始终秉持“相信伙伴的力量、相信协作的力量”，通过多元互动保持资助的弹性，不断为多元主体协同合作创造新的可能。

（2）构建“五社联动”机制。

2021 年印发的《中共中央、国务院关于加强基层治理体系和治理能力现代化建设的意见》明确指出，要“完善社会力量参与基层治理激励政策，创新社区与社会组织、社会工作者、社区志愿者、社会慈善资源的联动机制”。而“绿缘计划”正是通过创新“五社联动”机制，构建多方资源共享、伙伴共生、价值共创的公益新生态。

一是以社区为服务平台，鼓励和协助社会组织将社区环保服务落地社区，针对社区各群体的特点和需求开展服务。

二是以社会组织为组织载体，引领社区、社区社会组织和社区志愿者参与社区环保服务。在“绿缘计划”中，社会组织并非单方面地实施项目，而是激发包括社区居委会、物业、学校、商户、志愿者、居民等社区主体力量参与进来，共同行动。

三是以社会慈善资源为支持动力，通过万科公益基金会的资金支持和北京协作者以及专家的专业支持，推动各方力量为社区提供专业服务。

四是以社区志愿者为重要力量，一方面，“绿缘计划”引导和支持社会组织引领社区志愿者结合自身的优势和资源，参与社区环保服务；另一方面，项目本身也成为促进社区居民参与志愿服务、培育社区志愿者队伍的重要载体。

五是以社会工作为专业支撑。北京协作者发挥社会工作整合社会资源、促进社会团结、促进社区参与的专业优势，重点推动社区内外部各类组织之间、各个利益群体之间、各种社会力量之间的良性互动。

“公益 1 +1 之绿缘计划”因此构建了引进基金会等社会慈善资源，以社区为服务平台、以社会组织为组织载体、以社会工作人才为专业支撑、培育社区志愿者和社区社会组织，优化配置多方资源，促进多方参与的“五社联动”机制。

（3）运用社会工作专业方法。

以服务对象为中心、服务对象利益最大化、个别化、接纳、助人自助……这些都是社会工作的服务理念和伦理原则，是贯穿“绿缘计划”全过程的赋能理念，其原理源于社会工作的赋权增能理论。该理论的核心是看见服务对象背后的结构性和系统性原因，相信服务对象具有应对困境的能力。作为国内成立较早的社会工作专业机构，北京协作者以社会工作专业开展“绿缘计划”，将公益生态中处于困难地位的社会服务机构和社区社会组织视为社会工作中的服务对象，既看见环境系统——公益生态对社会组织的影响因素，从而系统性地提供综合支持，也坚信社会服务机构和社区社会组织具有的能力。所以，一方面围绕着社会组织的需求开展赋能；另一方面注重尊重和激发社会组织自身的优势，彼此分享、相互学习，形成相互支持的关系，具体包括：

①以社会组织为中心提供多元化赋能支持。在项目实施的不同阶段，每个社会组织呈现的问题与需求有所不同。“绿缘计划”项目组根据不同阶段的普遍性问题，采用线下集中式培训、线上问题解答、圆桌辅导、本地参访交流、行业经验资讯分享等方式进行回应。对于每个社会组织的个别化问题，采用日常咨询、“一对一”辅导、走访监测评估指导等方式进行回应，从而对“绿缘计划”的项目管理起到早期预警和专业支持的双重作用。

②搭建同伴支持的平台。“绿缘计划”项目组注重鼓励受资助社会组织之间相互支持，通过社会组织伙伴交流活动以及微信群，搭建受资助社会组织交流学习互助的平台，引导社会组织伙伴的资源共享和专业技术合作，建立互助合作、合力同行、共同发展的伙伴关系。

③支持性监测评估协助社会组织形成自我管理机制。突破传统项目管理

评估只进行结项绩效评估的局限，“绿缘计划”采用北京协作者多年探索总结的支持性监测评估，即以参与项目实践为载体，以服务民生和能力提升为导向，以多元化专业能力建设手法为保障的成长取向的评估模式。对于监测评估中发现的问题及时予以支持，并通过工具支持和技术支持协助社会组织构建内部项目管理机制，形成“自我管理＋外部监督”的模式，保障项目活动的实施质量及项目资金的规范使用。

（二）待改进之处

“绿缘计划”一期实践存在以下几点不足。

1. 项目赋能与项目管理的平衡不足

总体来看，“绿缘计划”对社会组织的支持比较充足，项目管理相对宽松，在给予一线机构更灵活的弹性空间的同时，也造成个别自我管理能力较弱的社会组织项目推进较为松懈，后续需要改进项目硬性管理要求与社会组织柔性需要之间的关系。比如对项目时间节点要求、项目阶段汇报的要求提前明确并具体化。

2. 项目人员更迭、新冠疫情等影响赋能效果

受资助社会组织项目执行人员变化或流失的影响，新加入的社会组织执行人员对垃圾分类等社区可持续发展的理念、知识与方法缺乏了解，一方面影响项目实施；另一方面他们参与集体赋能得到的支持也会打折扣。同时，新冠疫情的影响持续了整个项目周期，影响社会组织开展项目，赋能工作多调整为线上，赋能效果受影响。无论是社会组织面临的人员更迭还是新冠疫情的影响，都是“绿缘计划”项目所不能左右的。但这也促使“绿缘计划”二期作出相应的调整，即协助社会组织在构建组织本身的稳定和可持续发展方面发力，以细分议题促成伙伴互动，以小规模的活动形式应对疫情影响。

3. 社会组织的社会工作专业性仍需提升

“绿缘计划”资助的社会组织大部分是社会工作机构，但项目组在开展支持性监测的过程中发现，部分受资助社会组织在社会工作专业上仍有较大的提升空间，项目人员的社会工作专业能力较弱、服务管理与服务督导体系尚未建立或不完善。这些情况都反映了社会组织自身的专业体系建设的问题。

社会工作专业体系建设需要专业力量和资源的支撑，绝大部分社会组织仍为组织生存而疲于资源筹措，组织服务管理水平、人员专业能力等跟不上服务需求，缺乏按照社会工作专业要求开展工作的能力。

4. 社会倡导仍有很大开拓的空间

虽然“绿缘计划”自项目启动后得到多家媒体报道78次，但媒体报道主要集中在项目过程中的几个时间段，“绿缘计划”的媒体传播和社会倡导活动不够充分，对于项目利益相关方、受资助社会组织参与感的激励不够。后续需要考虑加强社会倡导的策划和执行，一方面通过收集成效简报、故事、小案例等进行自媒体和传统媒体的发布和报送宣传；另一方面垃圾分类作为基层社区治理的重要内容，需要收集社会组织探索的成效，向政府相关部门进行汇报，以此扩大“绿缘计划”项目的社会影响力，提升项目相关方以及社会组织的参与感、荣誉感。

七、对公益生态建设的建议

基于本次研究发现，为更好地推进“绿缘计划”二期工作，以构建良性的公益生态，支持社会组织参与社区可持续环境建设，本次研究回归“公益1+1”的逻辑框架，提出如下建议。

（一）关于政府部门如何发挥政策指导作用的建议

政策指导作用的发挥可以在两个层面展开：一个层面是现有政策更好地落实；另一个层面是基于实际情况完善政策，包括新政策的制定和出台。

1. 现有政策更好地落实，需要跨部门、跨层级的联动

“绿缘计划”项目的行动研究发现，要推进社会组织有效参与社区环保工作，除了要与社会组织相关的民政部门的支持，还需要作为政策落地“最后一米”的乡镇（街道）基层政府部门的支持。比如，有关政策提到需要基层社区党组织牵头联动社会组织、志愿者、物业、业委会等成立工作小组，协同实施社区垃圾分类工作①，但在“绿缘计划”的实施中，社会组织与社区相

① 2020年，北京市出台的《北京市居住小区垃圾分类实施办法》。

关部门的联动比较困难。在基层的联动，需要市级、区级层面先联动起来，并建立上下贯通的协作机制。其中，市级层面负责牵头垃圾分类工作的城管系统与负责社会组织管理工作的民政系统的联动，对于更好地促进区级、镇（街）和社区的跨部门联动，发挥社会组织在垃圾分类工作中的优势，加强政策在基层的落地和执行，具有重要的指导作用。

2. 加大政府购买服务力度，引导社会组织持续参与社区环保

目前的政策虽然鼓励社会组织在社区环保工作方面发挥作用，但落实到具体有效的支持行动，则还需要进一步完善政策。最为直接的是加大政府购买服务力度，将市场化的资源配置机制引入社会组织服务领域，将社会组织参与社区环保纳入政府采购目录，建立公开透明、稳定持续的常态化购买机制，一方面提高服务效率和效果；另一方面支持社会组织持续稳定地参与，在参与中培育发展社会组织，提升社会组织的社区环保专业能力和可持续发展能力。

3. 建立反馈渠道，鼓励社会组织参与政策改革

在“绿缘计划”资助的社区环保项目实施中，有社会组织反映，居民参与认可度低的原因有：家庭空间小设置投放受限、社区投放设施不足、社区垃圾前后端的处理不匹配、社区居民对于垃圾分类的参与意义存在怀疑等。也有社会组织反映，目前北京市的垃圾分类政策有约束企业或单位的措施，但对于居民没有明确的约束，希望改善相关政策，促进居民参与。

在一线实践中所了解的政策偏离、政策不完善等情况，如何有效地传递到政策制定与落实的相关部门，需要畅通的政策反馈渠道，在政策建议收集方面加大宣传力度，主动征求社会组织对社区环保工作的建议，更好地完善社区环保相关政策。

4. 建立社区环保资源配置机制，促进社区和社会组织的双向对接

政府相关部门可以组织或委托支持性组织开展社区环保资源对接会、项目合作洽谈会等活动，并形成长效推介机制。民政部门应向街（镇）和社区推送社会组织名录，动员社会组织到属地社区居委会报到，促进社区和社会组织的双向对接，建立社区需求和社会组织供给对接机制，动员社会组织结合自身优势，积极参与本社区垃圾分类等社区治理工作。通过建立双向对接

机制，畅通社会组织的参与渠道。

5. 为社会组织背书，鼓励支持更多的社会慈善资源一起行动

在“绿缘计划”的实施中，政府部门的积极态度，不仅是对社会服务机构参与社区环保行动的肯定、鼓励和引导，社会慈善资源同样具有重要的指导和激励作用。建议政府相关部门多参与类似“公益1+1”这样的行动当中，通过政社协作促进“第三次分配”。

（二）关于基金会如何发挥资源支持作用的建议

1. 倡导基金会将推动行业发展纳入组织使命

“绿缘计划”中的资源方万科公益基金会将推动行业发展作为组织使命，并有明确的战略规划，由此对于组织有目标及如何实现目标都有相应的路径和方法要求。在可持续社区发展领域，聚焦社区环境可持续建设，万科公益基金会已积累了丰富的资助经验。这些因素为资助的可持续性及社区环保的议题赋能提供了保障，反过来也会积极促进各方加入“绿缘计划”。

2. 树立尊重、信任、开放的合作理念，以激发各方的潜能

基金会与政府部门、社会服务机构的工作逻辑是不同的，它们之间能否以开放及学习的心态来进行合作，影响着基金会资源支持作用的发挥。现有的公益生态中，基金会相对处于优势的位置，有相对丰富的资源，但现实中资助型基金会非常稀缺，除了基金会自身生存存在压力之外，认为社会服务机构缺乏能力、执行力弱、不可信任等观念是影响合作的主要障碍。即使抛开理念差异，一个现实而不可回避的问题是，根据民政部发布的《2021年民政事业发展统计公报》，截至2021年底，全国依法登记的社会组织90.2万个，其中社会服务机构（民办非企业）52.2万个，基金会8877个。如果基金会聚焦社会问题的有效和系统解决，其数量和规模决定了基金会需要与在社区开展直接服务的社会服务机构紧密合作。因此，如何让资源方看见公益生态中各方的优势和不足，持着怎样的资助理念开展合作，至关重要。

（三）关于支持性组织如何发挥支持赋能作用的建议

1. 支持性组织需要有社区实务经验

应该警惕一个趋势，支持性组织正在成为远离一线实务的“头部组织”“中介组织”，要么只做链接资源的中介服务，要么局限于脱离实际的专业培训。作为支持性组织，本身需要有社区实务基础，而且具有赋能视角，否则无法发挥专业支持作用。

2. 支持性组织的定位管理要与构建良性公益生态的目标相统一

支持性组织特别要警惕的是为了获取组织自身发展的资源而做项目。反观“绿缘计划”的支持方北京协作者，尽管其组织的工作领域并非聚焦社区环保，但其组织宗旨为“通过开展服务创新、政策倡导和专业支持，协助困境人群从受助者成长为助人者，进而在服务实施中总结提炼本土经验，推动社会工作和社会组织的发展”。明确将推动公益行业发展作为组织使命，故公益生态的建设与之息息相关。北京协作者以“团结协作，助人自助”为组织服务理念，要求机构积极与政府、基金会、社区等多方开展合作。北京协作者构建了“服务创新—研究倡导—专业支持”“三位一体”的战略服务体系，积累了丰富的社会组织发展经验、社会工作实务经验。这“三位一体”的服务体系，是“绿缘计划”为社会组织提供专业支持的基础保障。由此，未来在社区环保公益生态建设上，支持性组织的选择应考虑具备以上特点的组织来参与执行，这样将更有力保障项目实施的效果。

（四）关于社会组织如何发挥优势专注于服务行动的建议

在“公益 1 +1 绿缘计划”中，社会服务机构的角色是专注于行动，狭义来看，是指专注于社区环保。广义来讲是专注于促进社区参与服务。

从“绿缘计划”的实践来看，项目成效突出的社会组织具有以下特点，这些特点也是“绿缘计划”发掘和培养社会组织的着力点。

1. 将项目纳入组织规划

找到与组织业务的结合之处，组织负责人积极参与推动，以保障专注于行动。

2. 在项目实践中积极学习

不只是为了完成项目指标，而是把行动和学习关联起来，愿意学习新知识，愿意为了推动社区福祉而走出自己的舒适区，不局限于自己熟悉的业务中。

3. 保持开放合作的姿态

愿意与基金会、支持性组织和社区广泛合作。即使合作中遇到阻力和困难，依然能够保持开放性。

（五）关于促进公益生态中各方协作的建议

在社区环保公益生态建设中，除了上述各方在各自的角色与功能上发挥作用，还有一个非常重要的方面，那就是各方的互动如何更有效？

这也是“公益1+1”资助行动打造的良性公益生态面临的挑战。某种程度上来说，“公益1+1”的关键是“+”，“+”除了发挥支持性社会组织的作用，还需要公益生态建设中的各方有能力深刻地洞察自身的优势与不足，并以开放信任的心态来共建公益生态，为彼此加持，创造一个美好社会和美丽中国。实际上，这是非常不容易的。

具体到操作层面，支持性组织的功能发挥非常关键。反观“绿缘计划”，社会工作的专业支撑发挥了重要作用，社会工作专业注重的系统视角、优势视角、整合视角有效地将各方联动起来，这种系统性的整合，需要专业的理念、专业的方法作为支撑，否则即使各方再有开放合作的态度，没有强有力的理论、理念和方法为纽带，依然难以联动协作。这个纽带在“绿缘计划”的实践中就是社会工作专业，它同样成了“绿缘计划”“五社联动”共同推进首都垃圾分类减量工作的专业支撑。

需要进一步反思的是，“公益1+1之绿缘计划”的项目成果有一定的特殊性。一方面万科公益基金会自身的使命定位清晰，资助经验丰富；另一方面北京协作者具有丰富的政社合作经验，及在政府、社会组织和社会各方中有良好的组织形象，同时北京协作者是一个从草根组织成长起来的社会组织，有非常丰富的实务工作积累，理解一线社会组织的工作情景和处境。这些因素的叠加，保障了“绿缘计划”项目成果的实现。但是众所周知，目前公益领域中如万科公益基金会一样做资助的基金会非常有限，而像北京协作者这样从草根组织成长起来的支持性组织也并不多见。“公益1+1”资助行动的模式如何持续发展？这是值得致力于公益生态建设的各方思考的问题，也恰是“公益1+1”使命所在。

参考文献

[1] 吕斌．可持续社区的规划理念与实践[J]．国外城市规划，1999（3）：2-5.

[2] 中国绿色社区环保组织发展状况调研报告[R]．北京：合一绿学院，2018.

[3] 谭维克，刘林．中国城市管理报告（2014）[M]．北京：社会科学文献出版社，2015.

[4] 李乾，张新英．城市居民生活垃圾分类：现实困境与破解策略[J]．环境保护，2022，50（14）：52-56.

[5] 住房和城乡建设部、中央宣传部、中央文明办、发展改革委、教育部、科技部、生态环境部、农业农村部、商务部、国管局、共青团中央、供销合作总社印发《关于进一步推进生活垃圾分类工作的若干意见》的通知[EB/OL]．(2020-11-27)[2023-08-30]．http://www.gov.cn/gongbao/content/2021/content_5581078.htm.

[6] 吴巧玉，王少辉．协同治理视角下的社区垃圾分类管理能力优化研究[J]．绿色科技，2022，24（2）：171-173+177.

[7] 中国绿色社区环保组织发展状况调研报告[R]．北京：合一绿学院，2018.

[8] 北京市协作者社会工作发展中心．社会组织参与垃圾分类助力计划启动——协作者课堂深度解读垃圾分类最新政策[EB/OL]．(2020-06-01)[2023-09-15]．https://mp.weixin.qq.com/s/wykKUKfh95_vxgwWdZukwQ.

[9] 北京市协作者社会工作发展中心．北京市社会服务机构参与可持续社区环境建设（社区环保）基线调研报告[EB/OL]．(2021-02-07)[2023-09-30]．http://www.facilitator.org.cn/fwnr/jycd/jycd0/jycd03/.

[10] 协作者云公益．启动“绿缘计划”资助行动，支持社会服务机构参与社区环保[EB/OL]．(2021-02-08)[2023-10-11]．https://mp.weixin.qq.com/s/8JKbCHmVVDN0_Mlcpvt0Tg.

第二编

来自可持续社区环境发展中的实务案例

社会组织通过具体服务参与社区治理，正在成为当下社区治理的重要形式，而可持续社区环境发展建设，正是体现在以社会组织的身体力行，通过垃圾分类、环境建设等社区环保服务，以行动研究进行提炼、总结，为社区可持续发展提供切实可鉴的经验和模式上。本编以在社区带动居民参与社区环保实践的典型案例，展现社会组织在可持续社区环境建设过程的成效、价值，也充分表明了社区治理中社会组织行动的重要性。

第一章
“绿色楼门悦享生态”社区垃圾分类沉浸计划

北京市海淀区北城心悦社会工作事务所

一、项目背景

（一）项目关注的问题

为贯彻落实新修订的《北京市生活垃圾管理条例》，助力社区推动垃圾分类工作，提高垃圾分类参与率、准确率，本项目关注探索沉浸式以点带面、逐层推进社区人人参与垃圾分类的工作模式。

（二）该问题对社会的影响

生活垃圾分类收集是破解“垃圾围城”、推动资源再循环利用的关键一环。2020 年 5 月 1 日，新修订的《北京市生活垃圾管理条例》（以下简称《条例》）正式实施，北京市实行生活垃圾分类正式进入法治化、规范化、常态化轨道。为了贯彻落实新《条例》，北京市印发了《北京市生活垃圾分类工作行动方案》和四个实施办法，明确了垃圾分类工作任务，提出了加强垃圾分类的科学管理，健全长效工作机制，切实推动习惯养成的目标。2020 年 7 月，北京市出台了《生活垃圾分类日常考核评价实施方案》，推动生活垃圾分类工作深入开展。2020 年 9 月，北京市再次出台了《2020 年生活垃圾分类工作任务目标》和《生活垃圾分类考核指标方案》两个重要文件，为垃圾分类工作开展指明方向。

新《条例》实施一周年以来，在相关部门和市民共同努力下，北京市垃圾分类设施设备进一步规范提升，居民垃圾分类意识逐渐增强，生活垃圾分类成效逐渐显现，但仍存在有待完善的地方，需要多措并举实现可持续发展。时任北京市城市管理委员会党组书记、主任孙新军表示，应加强统筹协调，优化组织力量，动员全员参与，建立长效机制，持之以恒、久久为功，推动垃圾自觉分类习惯养成。

（三）针对上述现状传统的解决方法

北城心悦社会工作事务所（以下简称北城心悦）自2012年开始与街道及各社区开展项目合作，建立了良好的服务基础。在与北京市海淀区学院路街道各社区沟通中了解到，垃圾分类已成为社区治理的重要任务，虽然大多数社区已完成了“撤桶并站”工作，但依旧存在很多问题，如居民精准垃圾投放率有待提高、垃圾分类习惯未养成、厨余垃圾分类不精准、厨余垃圾未破袋入桶、社区垃圾桶前值守力量不够、志愿资源动员不足等，虽然大部分社区采用社区宣讲、桶前值守、社区垃圾分类宣传活动等方式推动居民参与，但效果并不明显，令社区工作者倍感头疼，社区希望社会组织能够发挥专业优势，协助社区共同解决社区垃圾分类问题。

（四）本项目对问题的认识和解决策略

垃圾分类不是一蹴而就的，需要下足绣花功，多方合力，持续用力，抓紧抓实，久久为功，推进垃圾分类工作常态化、长效化、规范化。

为推进垃圾分类工作常态化、长效化和规范化，在项目设计时，我们沉淀心态，希望能够在一个试点深耕。为此，根据目标落地社区的实际情况，我们开展团队讨论和商议，分析楼门试点的可行性，达成共识，并与项目资助方沟通，获得了肯定和支持。最终我们确定：在党建引领下，通过楼门试点，以推动个体及家庭参与为切入点，以社区轮席值日和社区楼门议事为基础，与社区工作者、居民志愿者多方联动，面向试点楼门开展志愿者队伍建设、宣讲巡查、楼门议事、习惯养成、分类督导、最美评选等普适性和定向性服务活动，提升试点楼门社区居民主动参与垃圾分类的责任意识，培养试点楼门社区居民垃圾分类习惯的养成，提高垃圾分类参与率和自主投放率，帮助垃圾分类管理者开展示范带动、专业辅助、共识凝聚等机制建设，构建

“党建引领＋社区治理＋居民参与＋社会组织助力”的社区善治模式。

在项目实施过程中，结合当时面临的新冠疫情，针对居民容易忘记分类的问题，探索双轴多螺旋逐层推进模式，线上定期的“知识答题”“定期反馈”“行动打卡”和线下不定期的“主题活动”“楼门宣传”“十大微行动”书签、“宣传海报”“入户指导”相结合，柔性提醒，帮助居民养成分类习惯，提升分类参与率，项目活动有计划、有条理地开展。从调研造势到宣传带动，从活动吸引到行动参与，从知识层面到行动层面，再从指导纠正到习惯培养，从活动参与到协商议事，逐步递进，梯次实现项目目标，挖掘形成“行动促参与，参与带行动”的双轴多螺旋逐层推进模式，促进垃圾分类工作。

二、项目设计

（一）项目设计的思路

在党建引领下，将红色传承与榜样带动相结合，并且贯穿项目始终，挖掘社区党员骨干和榜样人物，发挥他们的先锋模范作用，帮助社区垃圾分类管理者建立垃圾分类长效机制；通过楼门试点，以推动个体及家庭参与为切入点，以社区轮席值日和社区楼门议事为基础，与社区工作者、居民志愿者、社区服务单位多方联动，采用线上线下相结合的形式，探索双轴多螺旋逐层推进模式；从调研到宣传，从活动到行动，从认知到习惯，从被动到主动，面对试点楼门开展普适性和定向性服务活动，构建“党建引领＋社区治理＋居民参与＋社会组织助力”的社区善治模式。

（二）项目目标

1. 总目标

探索沉浸式以点带面、逐层推进社区人人参与垃圾分类的工作模式，并扩大服务影响范围。

2. 具体目标

（1）构建 1 套垃圾分类行动长效机制。

（2）培育 1 支参与楼门宣讲和巡查的垃圾分类志愿者队伍。

（3）开展楼门议事等活动，提升试点楼门社区居民主动参与垃圾分类的责任意识。

（4）培养试点楼门社区居民垃圾分类习惯，提高垃圾分类参与率和自主投放率。

（三）项目运用的专业理论

本项目运用社区工作实务理论模式中的地区发展模式与社会计划（社会策划）模式，是两种模式的整合。

地区发展模式主要在一个地域内鼓励居民通过自助及互助去解决社区内的问题。工作重点是提高居民的民主参与意识，挖掘、培养当地人才，通过发动、鼓励居民自己关心本社区的问题，对问题进行讨论并采取行动。本项目中，项目团队发动并鼓励社区志愿者和居民去分析和思考垃圾分类问题的根源，了解他们在垃圾分类中遇到的困境和需要，从而引发改变现状的意愿、动机、信心及希望。通过轮席值日、议事会及系列垃圾分类服务活动提高社区居民的民主参与意识、解决问题的能力和居民之间的合作精神，增强居民对社区的归属感。

社会策划模式是依靠专家的意见，通过有关专家的调研、论证、计划，然后落实、推行，从而解决社区内的问题。这一模式可以说是一种由上而下的方法，居民在这种模式中的参与比较被动，只限于对计划提出一些修改意见。在本项目实施过程中，项目督导组和项目团队一方面担当专家的角色，在项目前期通过全面组织社区垃圾分类现状调研，调查分析社区居民垃圾分类的参与意愿、行为、困境与原因等现状，以此为依据解决社区垃圾分类问题；另一方面作为组织实施者开展推动垃圾分类的服务活动。

（四）项目运用的专业方法

本项目采用社会工作的直接工作方法——社区工作。社区工作是社会工作的一种基本方法，它是以社区和社区居民为服务对象，通过发动和组织社区居民参与集体行动，确定社区的问题和需求，动员社区资源，争取外力协助，有计划、有步骤地解决或预防社会问题，调整或改善社会关系，减少社会冲突，培养自助、互助及自决的精神，加强社区的凝聚力，培养社区居民的民主参与意识和能力，发掘并培养社区的领导人才，以提高社区的社会福利水平，促进社区的进步。

生活垃圾处理压力逐年增大，促进源头减量、提升垃圾分类准确率迫在眉睫，“基础是源头分类，难点是习惯养成”，抓好垃圾源头减量、垃圾分类常态化工作势在必行。市民应依法履行生活垃圾产生者的责任，减少生活垃圾的产生，承担生活垃圾分类义务。

社区是城市管理的最小单元，也是城市自治的基本细胞，更是垃圾分类工作、可持续社区环境建设的前沿阵地，社区服务单位、居民作为社区的重要成员，是开展社区建设的重要力量。因此，本项目选择运用社区工作的专业方法，以社区和社区居民为服务对象开展服务。

三、项目实施过程

对照项目申请书和具体实施情况，按模块梳理总结，概述项目实施过程。如果项目实施过程与项目原计划发生变化，说明变化的原因。

（一）垃圾分类现状调研

1. 前测：在项目前期，北城心悦携手北京海淀区健翔园社区党总支、社区居委会、社区党员、骨干志愿者、大学生志愿者，组成健翔园社区居民垃圾分类情况调研团队，全面摸排社区垃圾分类现状，旨在为社区垃圾减量、分类意识提升等行动提供真实有效的参考依据。此次调研于2021年8月13日正式开启，持续贯穿到8月下旬，在综合考虑新冠疫情态势、调研效果等因素的情况下，线上线下同步进行。线上调研面向社区5个楼门微信群，线下行动将楼门集中调研、入户敲门行动与广场宣传助力相结合，通过“三三结对”，充分发挥社区工作者、社区党员、骨干志愿者和大学生志愿者自身优势，高效推进调研工作。同时，北城心悦专业社会工作者抓实抓好关键环节，及时梳理和更新调研数据库，避免重复收集，切实保障调研的真实性和有效性。调研中，项目团队秉承调研先行、宣传并重的原则，穿统一的绿色马甲，佩戴统一的LOGO胸牌，不仅收集垃圾分类实际情况，还向居民发放“绿色楼门悦享生态”社区垃圾分类沉浸计划宣传折页，详细介绍项目情况，认真解析分类误区。在大家的共同努力下，整个调研行动得到居民的积极响应和热情配合，共完成有效调查问卷720份，根据调查问卷形成了1份调研报告，并以此为依据，在与社区居委会共同协商后筛选出了2号楼作为试点楼门开展绿色楼门建设行动。

2. 后测：项目后期，为了解试点楼门居民垃圾分类的参与意愿、行为特点、困境与原因等现状，评估项目实施成效，北城心悦联合健翔园社区党总支、社区居委会和社区垃圾分类指导员队伍组成调研团队，从2022年2月22日起，面向试点楼门开展社区垃圾分类现状调研。本次调研仍采用线上线下相结合方式同步进行，线上借助试点楼门居民微信群平台，受疫情防控影响，线下入户于小范围集中开展。推进调研的同时，为社区居民送去感谢信，表达对社区居民践行垃圾分类、支持绿色楼门建设的感谢，并鼓励居民继续坚持垃圾分类，“践行生态理念，守护美好健翔”。本次调研共完成有效调查问卷100份，通过数据分析形成了1份调研报告。

（二）“垃圾分类我先行”启动仪式

2021年8月27日，北城心悦携手健翔园社区党总支、社区居委会、社区党员、骨干志愿者、大学生志愿者及社区居民共同举办“绿色楼门悦享生态”社区垃圾分类沉浸计划启动会。启动会第一项，宣布本项目正式启动，以社区的党员、团员、少先队员为代表，分别带领宣誓，向大家展示此次活动对共建共享绿色生态社区的决心。在启动会宣誓活动后，北城心悦社会工作者携手大学生志愿者，以专业的活动方法，在公园里进行“稚心巧手”与垃圾分类“飞行棋”两个颇具绿色宣传意义的活动。在“稚心巧手”活动中，社会工作者与志愿者号召居民一起用手中的彩泥，去捏成我们生活会用到的物品，并向大家普及该物品废弃时的垃圾分类所属类别。在此过程中，社会工作者不仅向大家普及垃圾分类知识，更鼓励居民共同合作，增进亲子关系，增加居民联结。原本空空的展板，在居民的参与下逐渐沾满了各式各样的黏土，形象有趣地宣传了垃圾分类小知识。在垃圾分类“飞行棋”中，孩子们站在飞行棋上，将手中骰子扔出，按照骰子的点数前进，每到一点，都会了解新的垃圾分类知识，披荆斩棘，直至抵达最后的终点，孩子们纷纷露出开心的笑容。本次活动，不仅成功地向社区居民普及了垃圾分类知识，而且增加了居民之间的互动交流，共同为垃圾分类出一份力！

（三）“垃圾分类指导员”技能培训

北城心悦联合健翔园社区党总支、社区居委会，面向学生志愿者和垃圾分类指导员开展了3场技能培训。第一场培训开展于2021年7月21日，以学生志愿者为主要对象，北城心悦社会工作者向大家介绍项目主要情况，分解各阶段的重点工作，并进行垃圾分类宣传技能培训。培训设计垃圾分类发展历程、发展现状、分类知识和分类实践四个篇章，通过寓教于乐的方式普及垃圾分类硬核知识，为志愿者推进垃圾分类工作增能。第二场培训和第三场培训主要面向垃圾分类指导员。其中，2021年7月27日，第二场培训以项目分享、技能培训与议事协商为主题，旨在让参与者充分了解项目内容，增强主动性，提升执行力，为项目的顺利推进做好准备。北城心悦督导向大家详细介绍项目概况、目标、产出以及期待，与志愿者们携手开展的行动；通过现场演练，让志愿者们掌握垃圾分类社区调研工具的使用技巧，并重点强调入户注意事项与沟通术语。培训结束后，大家就“如何切实高效推进入户调研，摸清社区垃圾分类现状”展开议事协商，经过热火朝天的讨论，最终达成共识，高度展现大家的项目参与热情和“共建绿色健翔”的信心与决心。2021年8月12日，北城心悦联合健翔园社区党总支、社区居委会，面向垃圾分类指导员开展第三场入户技能培训。该次活动首先将垃圾分类理论学习和实战演练结合在一起，组织大家参与“垃圾分类挑战”活动，巩固和检验志愿者们对垃圾分类知识的掌握度，面对生活中分类不确定的情况，社会工作者给大家分享了分类法宝——“北京市垃圾分类宝典”小程序，帮助大家提高垃圾分类准确率。社会工作者还以入户宣传与指导为主要内容，对如何入户进行宣讲，如何进行楼层的宣传动员等重点内容进行培训，并特别强调安全问题。

（四）楼门垃圾分类在行动

1.“垃圾分类我来议”楼门议事

在项目培训和调研评估过程中，北城心悦与社区工作者、垃圾分类指导员建立良好的信任与合作关系，共同发掘楼门骨干，根据调研过程中发现的实际问题整理成议事主题，在社区会客议事厅开展了 4 场垃圾分类相关议事会。

第一场议事会于 2022 年 1 月 5 日下午举行。当“哪些方式可以减少厨余垃圾?”“如何促进生活垃圾减量?”两个议题呈现在大家面前时，参与者就开始了热火朝天的讨论。为确保议事会有的放矢，北城心悦社会工作者首先普及垃圾源头减量知识，带大家了解厨余垃圾分类及处理过程，引发大家对减少厨余垃圾、促进生活垃圾减量进行深入思考与商议。围绕议题，大家纷纷建言献策，积极发表各自的观点，“厨余（垃圾）可以加工再利用，比如橘子皮可以做菜”“厨余可以制作成环保酵素，用于清洁”“做饭适量，践行光盘行动”“利用塑料瓶、旧衣物变废为宝”……社会工作者对大家提出的垃圾减量方法与建议及时进行记录与整理，并适时公布与宣传，确保议事会成果充分展现。社会工作者还乘机分享厨余垃圾再利用的技巧，讲述柚子茶和柚子糖的制作步骤，激发参与者的兴趣。大家跃跃欲试，表示回家后根据议事结果开展减量行动。

第二场议事会于 2022 年 1 月 13 日下午举行。社会工作者首先带领大家回顾上次议事会决议执行的情况，共同走进“居家环保再利用”。社会工作者率先分享自制的柚子糖，受到一致欢迎；展示旧衣变身成收纳袋，给大家提供变废为宝的思路。在社会工作者的引导下，志愿者纷纷分享自己近期的创意实践：“我用旧衣物改造成宠物的小衣服”“我编织了坐垫”……本次议事会议题为“如何壮大资源护卫队力量”。在推进垃圾分类工作中，志愿者队伍起着至关重要的作用，因此如何壮大队伍力量成为必要话题。围绕议题，大家展开热烈的讨论，积极发表各自的观点，“必要的物质激励”“持续的情感支持”……社会工作者对大家提出的方法与建议及时进行记录与整理，通过“六问”引导大家回顾“垃圾分类志愿历程”，交流“是什么原因让大家选择成为垃圾分类志愿者队伍中的一员”“是什么力量支撑大家坚持做垃圾分类志愿者”……大家的回答中有作为党员的使命感，有受到榜样力量的鼓舞，亦有建立和谐社区生态的决心等。

第三场议事会于2022年1月21日上午举行。会上，社会工作者首先与大家重温携手走过的2021年。在“党建红”和“环保绿”双重跑道上多方协同，一起参与巧手制作，学习分类技巧，进行社区调研，宣传分类理念，开展分类议事，践行分类行动……这是北城心悦努力推进的一年，是社区居委会全力支持的一年，更是垃圾分类志愿者们无私奉献的一年。“浓浓温情暖人心，趣味横生欢声起”，在温馨祥和的氛围中，大家共同合唱《最亲的人》，“感谢着人间爱，传承了千万年，亲邻好友笑开颜，梦里梦外喜悦春光暖……”饱含深情的歌声，传递着感恩、爱与希望。接着大家就“志愿者的初心和使命”展开议事，志愿者们纷纷袒露心扉，讲述自己的初心，分享在参与垃圾分类服务中最开心、最辛酸、印象最深刻的事。笃定的初心催人奋进，真实的故事感人至深，志愿者们共同的答案是：“党员的责任感、榜样的示范、同伴的带动”，“最开心的是领导支持，最辛酸的是不被理解，印象最深刻的是通过大家共同努力取得良好的成绩。”社区党组织书记、居委会主任在全程倾听大家心声后也表达感恩、感动与感谢，充分肯定社区垃圾分类取得的成绩，赞扬志愿者团队的辛勤付出，憧憬社区未来生态文明的发展。

第四场议事会于2022年2月15日举行。本次议事会以“如何更好地践行垃圾分类”为议题。自“绿色楼门悦享生态”社区垃圾分类沉浸计划在健翔园社区实施以来，北城心悦注重吸收众多家庭垃圾分类的好做法、好经验，通过线下议事会、敲门入户询问和线上问卷收集等形式，共征集家庭日常垃圾分类和低碳环保小技巧近百条，经遴选汇总形成“十大微行动”。活动伊始，社区工作者与垃圾分类志愿者充分发挥带头作用，签署垃圾分类“十大微行动”承诺书，并表示坚决将绿色环保践行到底。接着就如何倡导社区居民参与绿色环保展开了热烈的讨论，群策群力下，协商出微信群宣传、公众号发布、制作卡片等几种影响范围广、深受居民欢迎的宣传途径。

2.“垃圾分类一起来”轮席值日

为动员楼门居民参与垃圾分类，跟踪居民实际分类情况，及时对分类疑点难点进行指导，探索轮席值日线上线下途径，北城心悦联合健翔园社区以“天天垃（圾）分（类）不间断有奖答题来挑战”“21天垃圾分类习惯养成计划”“每日厨余阻击战”3大系列线上活动和以楼门集中宣传、入户巡查探访为主的线下行动为载体，开展了为期6个月的轮席值日。北城心悦在与社区充分沟通的基础上，结合社区实际开展“21天垃圾分类习惯养成计划”，以社区微信群为平台，以打卡小程序为载体，组织居民以家庭为单位参与垃圾分类习惯养成计划。简单易操作的参与方式，形式多样的打卡内容吸引了众多家庭的参与，大家纷纷开展绿色环保实践，从一点一滴开始，不少家庭在打卡满21天后仍在坚持。

为进一步增长大家垃圾分类的知识，提高垃圾分类的准确率，帮助居民养成分类习惯，项目结合2021年新冠疫情防控需求，精心设计“天天垃（圾）分（类）不间断有奖答题来挑战”线上垃圾分类知识答题活动，配合“每日厨余阻击战”打卡行动，从知识巩固和分类践行两个方面，持续引导居民知行合一，沉浸实践，切实提高垃圾分类的参与率和准确率。北城心悦以“问卷星”为平台，设计垃圾分类知识题库，动态更新，每周三上午在试点楼门居民群、“健翔垃（圾）分（类）我最美”微信群发布一套答题链接，每周五公布答案，带大家共同学习分类知识与技巧，并将答题情况反馈给社区居民，促进居民的分类行动，也得到了居民很多正向反馈：“我每周都坚持答题!”“我们每天都在坚持分类!”“这是我们应该做的!”“有些题答错了，对照答案我就看自己的垃圾桶，将分错的挑出来。”“我们一定会继续坚持的!”“每日厨余阻击战”打卡行动也得到了居民的积极支持，2541人次参与，大家认真对每日的厨余垃圾进行拍照打卡，极大程度地帮助居民规范厨余垃圾的分类情况。

除线上进行知识测试和行动监督外，项目还开展线下入户鼓励与技巧宣传活动，得到了居民的认可，打开了轮席值日的局面，接受入户指导的居民也越来越多。在轮席值日的过程中，分类指导员不仅宣传知识，同时收集意见和建议，观察楼门卫生情况，及时反馈给项目组和社区居委会。截至2022年2月，垃圾分类指导员开展线下入户轮值工作54人次，直接服务居民680人次。

3.“垃（圾）分（类）都知晓”定期反馈

自2021年9月至2022年2月，每月定期向试点楼门反馈垃圾分类开展情况和居民建议，通过宣传栏、微信群、微信公众号等方式进行公示并接受社区居民监督；同时定期面向微信群反馈居民开展“知识答题”和“行动打卡”的情况，帮助居民巩固知识，更新知识点，鼓励和提醒更多居民参与垃圾分类行动。

（五）家庭垃圾分类攻坚战

1.“厨余垃圾哪里跑”阻击战

2022 年 1 月 5 日上午，北城心悦携手健翔园社区居委会、社区垃圾分类指导员和社区居民开展了一场厨余垃圾阻击战线下专题活动。活动开始，北城心悦组织大家绘制昨日厨余垃圾图纸，绿色卡纸代表厨余垃圾桶，“我家昨晚的厨余垃圾是鸡骨头，我来画”“这是我家昨晚产生的厨余垃圾，葱皮、白菜叶”“我家昨晚产生的是水果皮和苹果核”……在交流中，大家把自家产生的厨余垃圾画了出来，并进行了展示。每个家庭或多或少都会产生厨余垃圾，那么，昨天的厨余垃圾是如何处理的呢？厨余垃圾还能发挥其他作用吗？有居民表示：“没有其他用处了，破袋扔到了厨余垃圾桶中”；有居民马上表示：“有的厨余垃圾是可以再利用的，橘子皮可以晒干泡水、放冰箱除味、炒菜用”“对，柚子皮还可以做成柚子糖”“怎么做的，快教下我们”……一场停不下来的厨余垃圾变废为宝分享会由此上演，“厨余自制神器”也陆续登场，厨余垃圾过滤器、钢丝球刷锅神器……带给大家更多关于厨余垃圾的思考与启发。接着北城心悦组织大家观看了“一个香蕉皮的自述”小视频，从源头投放到运输处理，形象直观地表现出了厨余垃圾的处理流程。最后，在线上发布“每日厨余阻击战”活动，倡导大家再次集中力量，攻克厨余垃圾。

2.“十大微行动”

自项目开始实施起，健翔伙伴们一边发布活动通知，一边协助收集家庭日常垃圾分类小技巧，最终汇集形成了 100 余条的“垃圾分类大宝典”。根据行动的可操作性、可推广性及利用价值，又从 100 余条“垃圾分类大宝典”中评选出“十大微行动”，一方面借助居民微信群和公众号进行发布；另一方面结合学院路街道的居民特点，将“十大微行动”制作成精美书签分享给社区居民，倡议将绿色环保践行到底。书签得到了居民的热烈欢迎，很多居民表示最近正在看书，非常实用，而且也能随时提醒自己践行垃圾分类。

3. 家庭环保秀

2021 年 10 月 10 日上午，北城心悦联合健翔园社区在社区小广场举行“创意无极限，分类达人就是您”的社区家庭环保秀活动。本活动以“绿色、环保、创意”为主题，为社区居民提供一个展现自我的平台，解锁垃圾分类新时尚。健翔园社区居委会、骨干志愿者、试点楼门家庭及社区居民等共同参加。活动开始，首先由社区居民和志愿者等通过“T 台秀”展示自己的作品，居家实用款、纸艺布艺风、净塑护绿篇……并由居民代表介绍自己的作品，分享环保故事，充分展现社区居民的想象力和创造力。接下来，主持人带领居民们参观名为“深思”“党建引领”“行动”“知识”“美好”等主题展板，直观地感受垃圾分类、绿色环保的意义，居民们积极地在“我可以”展板上写下自己的环保宣言，彰显大家对垃圾分类活动的信心与决心。随后社会工作者组织到场居民一同进行“共享健翔绿色，同绘宜居生活”现场 DIY 活动，大家纷纷拿起笔为画布涂上了五彩缤纷的颜色，共同呈现出一幅美丽的宜居家园美景图。最后，主持人作总结，肯定所有参与家庭宣传试点楼门垃圾分类行动，鼓励社区全民积极参与。

4. 寻找“垃圾分类最美家庭”

自“绿色楼门悦享生态”社区垃圾分类沉浸计划在健翔园社区实施以来，得到社区居委会、居民骨干的大力支持，先后开展“垃圾分类社区调研”“垃圾分类我来议”楼门议事会、“垃圾分类一起来”轮席值日、“厨余垃圾阻击战”、“十大微行动”、家庭环保秀等系列活动，取得一定成效。在垃圾分类的活动和工作中，始终活跃着社区“垃圾分类志愿者”“垃圾分类达人”的身影，为寻找身边榜样，传扬榜样力量，延续榜样精神，倡导更多居民参与垃圾分类，北城心悦团队积极寻找健翔园社区垃圾分类最美志愿者和最美家庭，经推荐和遴选，最终评选出“最积极”“最奉献”“最支持”“最期待”“最坚持”“最创新”“最给力”“最佳组织”等奖项。他（她）们中有党员模范、夫妻搭档、智慧达人、带病值守者……他们恪尽职守、沉浸奉献、言传身教地引导社区居民做好垃圾分类，得到社区的广泛认可。最终对所有“最美垃圾分类达人”进行了统一表彰和线上线下宣传。

（六）“垃圾分类成绩单”总结表彰

为答谢健翔园社区垃圾分类指导员和参与者，展示垃圾分类沉浸计划的成果，扩大项目影响力，提升志愿者和居民的荣誉感和自豪感，吸引更多居民参与垃圾分类，2022 年 2 月 25 日上午，社会工作者携手健翔园社区居委会于社区活动室举办健翔园社区“垃圾分类成绩单”总结表彰会。健翔园社区党组织书记、居委会主任董素萍，副主任陶金秋及社区居干们，北京天适德信物业管理有限责任公司代表，中国音乐学院附属幼儿园代表，社区垃圾分类指导员、居民代表，北城心悦团队等参与其中。社会工作者用健翔园社区“党建红，环保绿”视频拉开总结表彰会的序幕，社区居民、志愿者参与垃圾分类的身影在大屏幕滚动播放，两侧的垃圾分类成果展板吸引大家驻足观看。活动伊始，主持人通过简单易学、又颇具仪式感的“拍拍操”带领与会成员热身，将现场气氛迅速调动起来。“生活垃圾你说我猜”大比拼更是激发了大家的热情和参与积极性。挑战分为 4 个小组，各个组员通过协商讨论和实战演练，选派代表比画与生活垃圾有关的词条，由小组成员来猜答案。小组代表使出浑身解数来提示，组员们争先恐后根据提示作答，答题声、掌声此起彼伏，欢乐的笑声响彻活动室。表彰环节是本次活动的重头戏，主持人宣布“最积极”“最奉献”“最支持”“最期待”“最坚持”“最创新”“最给力”“最佳组织”等奖项的获得者名单，伴随着轻松愉快的颁奖音乐，董素萍书记和陶金秋副主任为获奖者及单位代表颁奖并合影留念。颁奖仪式结束后，获奖嘉宾纷纷发表获奖感言，并表态会将垃圾分类行动坚持下去。董素萍书记代表社区党组织、社区居委会感谢志愿者和居民们为社区建设贡献力量，对北城心悦的专业服务给予高度肯定，也对“绿缘计划”资金的支持表示感谢，期待接下来能够继续加强合作，为建设环境友好型社区共同努力。总结表彰会结束后，社会工作者前往社区广场宣传展示项目成果，介绍项目实施情况，加深居民对垃圾分类的印象，强化宣传效果。

至此，“绿色楼门悦享生态”社区垃圾分类沉浸计划的活动板块完美收官！

（七）宣传倡导

宣传倡导贯穿项目始终，内容包括项目整体情况、主题活动、垃圾分类成果、轮席值日定期反馈、“最美垃圾分类”榜样、垃圾分类微行动等；形式包括：（1）根据项目实施进度，撰写活动新闻稿20篇，在北城心悦微信公众号发布项目信息12篇，在社区微信公众号和街道官方公众号发表信息5篇；（2）开展社区广场集中宣传活动3场（不含其他活动开展时的同步宣传），同时不定期通过试点楼门、入户宣传、社区居民微信群的方式倡导垃圾分类；（3）在项目服务中，设计制作项目海报、主题活动海报、垃圾分类易拉宝、项目宣传页、成果展板等相关宣传品，使得更多人员关注垃圾分类，参与垃圾分类，扩大项目影响力。

（八）督导会

由专家督导团队3人对项目进行陪伴式和专题性督导，一是根据项目实施需要，每月不定期在健翔园社区或北城心悦办公室或线上，针对社区工作者、北城心悦项目团队开展团体督导、教育性督导和支持性督导共计8次，帮助项目解决专题问题；二是根据项目和团队需求，及时跟进项目进度，对项目团队在实施过程中遇到的问题，进行及时跟踪陪伴，为项目顺利推进保驾护航。

四、项目成效

（一）项目取得的服务成效

1. 项目整体成效

项目探索形成垃圾分类长效执行机制1套，培育参与楼门宣讲及巡查的垃圾分类志愿者队伍1支，开展调研2场（不含阶段性水平测试中的调研），垃圾分类4个系列的活动20余次（部分系列活动因持续天数长，无法按场次计算），宣传倡导活动3场（不含其他活动开展时的同步宣传），设计制作宣传条幅1个、宣传折页500份、楼门标识牌24个、宣传海报5个、信息反馈海报 16 个、胸牌 200 个、宣传展架 8 个、宣传展板 6 块，撰写新闻稿 20 篇。在楼门试点开展垃圾分类服务过程中，部分活动也邀请社区居民广泛参与，宣传倡导扩展至整个社区居民，将服务成效推广至其他街道社区，受益人群拓展延伸至参加活动的居民、社区服务单位的员工、学生及家属、志愿者的亲朋等，直接受益 8940 余人次，间接受益 2 万余人次。项目活动得到居民的一致好评，活动满意度率均在 95% 以上。

2. 受益群体的变化

通过线上和线下的绿色行动，垃圾分类工作成效显著，受益群体的变化主要体现在垃圾分类意识、垃圾分类行动参与率、垃圾分类知识准确率提升方面。

（1）社区居民的垃圾分类意识有了显著提升。①根据前后测数据对比分析可看出居民的垃圾分类意识得到一定提升。如关于“垃圾分类重要性”问题的调研，在后测中，86% 的调研对象认为开展垃圾分类是非常有必要的，12% 的居民认为必要，而前测数据显示，64% 的居民认为垃圾分类非常有必要，由前后对比可得知，在垃圾分类重要性的认识方面，22% 的居民得到了极大的提升。②在垃圾分类工作推进中，有 30 名社区居民参与“垃圾分类指导员”志愿服务，居民不仅能够主动进行垃圾分类，还能以“主人翁”的身份监督社区其他居民参与垃圾分类，逐步实现“要我分”到“我要分”的转变，调动社区居民人人关心和参与社区建设的积极性和主动性，促进社区多元主体常态化有效参与垃圾分类行动。

（2）居民的垃圾分类参与率得到显著提升。①在项目前后测中，对垃圾分类参与率进行调查（因为问卷属于自测，受主观因素影响较大）。后测数据显示，72% 的居民表示每次都会进行垃圾分类；26% 的居民表示经常会进行垃圾分类，但有时会忘记；仅有 1% 的居民很少开展分类。而前测数据显示，调研对象中有 61. 39% 的居民表示每次都会进行垃圾分类；35. 83% 的居民表示经常会进行垃圾分类，但有时会忘记；有 2. 78% 的居民很少或者根本不开展分类。由此可以看出，至少增加了 10. 61% 的居民每次都会进行垃圾分类。②垃圾分类水平测试的统计数据从客观层面显示，参与率得到很大提升。在第一次分类知识答题活动中，分类参与的人数为 27 人；第五次达到峰值 97 人，增长超过 250%，总计达到 566 人次。③垃圾分类线上打卡活动参与人次显著上升，第一次习惯养成打卡的956人次；第二次厨余垃圾阻击战中参与2541人次，增加了1500余人次。

（3）受益群体的垃圾分类准确率得到提升。①在垃圾分类前测调研和后测调研过程中设置简单的分类知识题进行测试和对比分析，发现居民对于垃圾分类知识的掌握有了整体的提升。如“北京生活垃圾分为几类”答题的准确率提升了5.92%，“分类桶颜色”答题的准确率提升了9.61%。②根据垃圾分类知识水平测试分值对比可以看出，在8次知识答题中，高分段占比呈整体上升趋势。第一次测试中，90~100分值区域占比25.93%；最后一次测试占比为64.37%，居民的分类知识准确率提升了38.44%。③在社区走访调研及楼门议事会讨论过程中，社区工作人员和垃圾分类守桶志愿者通过观察表示，目前垃圾分类参与率达到90%以上，与项目开展前走访了解的70%的数据相比，提升了20%，且多次受到海淀区垃圾分类工作检查组的表扬。

这是垃圾分类志愿者英姐在开展分类指导过程中发生的故事。据英姐讲述，一天值班的早上，她见一位妈妈带着孩子急匆匆地来到垃圾桶前，厨余垃圾没破袋就扔进了厨余垃圾桶。英姐看到后立马叫住这位妈妈，明确指出其投放错误，耐心指导厨余垃圾应该破袋投放，现场帮助她破袋投放，并引导这位妈妈给孩子树立榜样。后来英姐特意观察，发现这位妈妈每次都分类得很好，厨余垃圾也会破袋投放了。英姐对此表示感谢，这位妈妈也很不好意思，表示之前不太清楚，经过上次英姐耐心的指导后，更加重视垃圾分类，有时间也会参加社区垃圾分类活动。项目开展过程中类似的故事很多，通过社区工作者、社区垃圾分类志愿队伍和项目团队等持续的宣传倡导，越来越多的人更加关注垃圾分类，也更加主动践行垃圾分类。

3. 项目对志愿者的影响

在项目实施过程中，垃圾分类志愿者充分发挥先锋模范作用，积极参与垃圾分类工作，在知识、技能、凝聚力、自信心、主动性等多方面都有明显的变化或提升。（1）在知识层面，通过垃圾分类主题培训，志愿者对垃圾准确分类、入户指导、沟通协商等方面的知识掌握更加牢固，能够更好地参与垃圾分类工作；（2）在技能层面，志愿者与项目团队通过共同开展社区调研、组织垃圾分类主题活动、倡导居民积极参与垃圾分类、探索轮席值日线上线下相结合流程、开展专项协商议事，无论是垃圾分类指导，还是居民沟通、议事协商的能力，都有显著的提升；（3）在团队凝聚力层面，志愿者在培训和参与社会工作实务的过程中，相互配合，共同努力完成各项任务，参与团队建设，核心骨干作用明显，凝聚力和向心力显著提升；（4）在自信心层面，在楼门议事、志愿者访谈、垃圾分类成绩单表彰等活动中，垃圾分类志愿者多次表示一直以来的付出终于被看见、被肯定，提升了他们的自信心和自豪感，更加坚定了他们参与社区服务的信心与决心，志愿者与社区的关系更加深厚，归属感、自我价值感均有所提升；（5）主动性和积极性更加突出，志愿队伍垃圾分类实践水平获得提升，具备独立开展楼门宣讲及巡查的能力，得到了广大居民及社区的大力支持和肯定；志愿者不仅能够主动宣传参与垃圾分类，在议事会中积极发言，提出自己的观点和建议，还能以管理者的身份鼓励并监督社区其他居民参与垃圾分类，为营造和谐社区奠定了良好基础。

4. 项目对社区的影响

经过健翔园社区党总支、社区居委会、社区物业、社区志愿者、社区居民以及第三方社会组织的共同努力，丰富了社区垃圾分类工作的资金投入，一定程度上改善了社区垃圾分类的现状，转变了垃圾分类的思路，增进了与社会组织、社区服务单位的密切联系，转变了垃圾分类志愿者的职责。（1）丰富垃圾分类工作的资金投入。根据社区和政府工作的要求，社区在垃圾分类工作中的资金投入是有限的，通过社会组织撬动基金会的资金投入，增强了对社区工作的支持，社区对此表示感谢。（2）社区垃圾分类积极性和准确性都有所提高，垃圾桶满冒、居民错投率明显降低。在项目前期，厨余垃圾量从原来每天 4 ~5 桶变成每天 8 ~9 桶，经过厨余阻击战、垃圾减量等行动后，厨余垃圾量变成每天 5 ~6 桶，破袋入桶率大大提高，可回收垃圾和其他垃圾也分得越来越规范，根据社区志愿者在桶前值守观察后反馈，90%以上的居民都有了垃圾分类意识。（3）社区垃圾分类工作思路转变。在项目开展前，社区垃圾分类以桶前值守、分类宣传、城市清洁日等线下工作为主，因受到疫情影响，社区和项目团队共同探索线上与线下相结合的轮席值日模式，线上工作比例增加，活动内容更加丰富，活动更加有条理，效果也更明显。（4）社区志愿者的职责变化。通过项目的实施，增进与社会组织、社区服务单位的密切联系，强化了社区服务单位参与垃圾分类工作的意识，项目实施之前，社区垃圾分类桶前值守均由社区志愿者、社区工作者完成。下半年，经多方共同努力，反复协商议事，最终与社区物业达成协议，从2022年3月起，社区垃圾分类桶前值守任务转交物业，社区志愿者承担垃圾分类指导员的职责。

5. 项目对社会的影响

（1）充分利用微信公众号等宣传渠道，对项目开展的服务内容、服务方法等及时进行报道，大力宣传社区垃圾分类的重要意义和实际成效，提升居民垃圾分类的意识，营造绿色行动氛围；（2）项目探索线上和线下相结合、线上轮值与线下入户、建议收集与议事会相结合的方法和路径，具有一定的可复制性，为社区开展垃圾分类工作提供了一定的工作思路和服务模式；（3）项目实施过程中设计制作的“十大微行动”书签等宣传物品受到了居民的热烈欢迎，既宣传垃圾分类知识，又能提醒垃圾分类行动，还能满足日常生活所需，在有资金支持的情况下，可以进一步推广。

6. 项目对其他相关方的影响

项目实施促进了社区与社区物业、社区幼儿园等驻区单位之间保持良性沟通，相互支持工作，有力推动了垃圾分类的绿色行动。（1）经过工作沟通和协商议事，社区物业表示将进一步认真履行垃圾分类第一责任人的职责，在垃圾分类工作中尽职尽责。2022年，物业将接过桶前值守任务，与社区居民共同建设宜居社区；（2）社区幼儿园与社区关系更加密切，表示可以加强合作，将垃圾分类融入幼儿园的课外活动中，帮助儿童从小养成垃圾分类习惯，树立环保意识。

7. 项目执行团队的变化

（1）项目团队的整体能力得到提升。通过项目的实际执行与复盘、项目资助方与公益导师的指导，服务执行机构和执行团队整体的组织策划能力、沟通协调能力、临场应变能力等基础能力都得到了一定的提升。（2）积累了垃圾分类服务经验。在项目执行过程中，项目团队不断加强活动反思和复盘，积极探索线上与线下相结合的项目执行模式，形成“行动促参与，参与带行动”双轴多螺旋行动模式，积累了垃圾分类服务方面的经验，对垃圾分类、生态环保有了更加全面、深刻的了解，增强了自身参与可持续社区环境建设的能力。（3）密切了执行团队和项目所在社区、社区服务单位、社区居民间的关系，为未来合作打下了基础。

（二）项目的创新或独特之处

1. 楼门试点，循序渐进。该项目强调试点先行，由点到线到面，层层递进，推动垃圾分类进社区、进楼门、进家庭，进而带动个体参与。项目设计基于社区会客议事厅和轮席值日基础，结合社区实际需求建立垃圾分类行动机制，为推动社区垃圾分类由楼门试点到全民参与夯实了基础。垃圾分类不是一蹴而就的，需要下足绣花功夫，持续用力，抓紧抓实，久久为功，推进垃圾分类工作常态化、长效化、规范化。

2. 扎根社区，多方联动。与社区密切沟通，建立良好合作关系，以社区需求为纽带，注重联动社区党总支、居委会、物业、社区骨干、大学生志愿者、社区居民、社区服务单位等多方资源，通过线上线下相结合，“三三结对”，充分发挥社区工作者、社区党员、骨干志愿者、大学生志愿者、社区服务单位各自的优势，高效率高质量推进社区调研、入户指导、楼门议事等行动，合力推进项目实施。

3. 聚焦需求，因人施策。在项目实施过程中，充分注重社区和居民的现状与需求，以提升社区居民垃圾分类意识和养成环保习惯为重点，面向不同群体，设计线上线下多种形式的创意活动，吸引社区居民积极参与；针对居民混投混放厨余垃圾的情况，组织议事会，加强社区居民自治能力，制作厨余垃圾宣传海报，设计线上线下厨余垃圾阻击战活动，提高厨余垃圾分类准确率。

4. 双轴多螺旋逐层推进模式。（1）结合新冠疫情的特点，针对居民容易忘记分类的问题，探索双轴多螺旋模式，线上定期的“知识答题”“知识复盘”“行动打卡”活动和线下不定期的“主题活动”“楼门宣传”“十大微行动”书签、“宣传海报”“入户指导”等活动相结合，柔性提醒，帮助居民养成垃圾分类习惯，提高分类参与率。（2）项目活动有条理地开展，根据项目目标和社区实际，适时调整项目节奏，“主题活动、轮席值日、楼门议事”相结合，从调研造势到宣传带动，从活动吸引到行动参与，从认知层面到行动层面，再从指导纠正到习惯培养，从活动参与到协商议事，步步推进，梯次实现项目目标，挖掘形成“行动促参与，参与带行动”双轴多螺旋逐层推进模式，促进分类工作。

5. 前后调研，定期监测。项目在实施的前期和后期，开展前测和后测调研，切实了解社区垃圾分类的现状，为制定活动方案、监测项目实施效果提供了有效的参考依据；在项目实施过程中，以定期“知识答题”“行动打卡”为契机，定期监测居民的垃圾分类参与情况，为动态了解垃圾分类工作的成效提供依据，保障项目目标的实现。

五、反思与建议

（一）基于项目实施的思考

从项目设计和目标达成情况来看，通过过程评估和结果评估，项目目标基本全部达成，取得了一定的成效。在党建引领下，通过楼门议事和轮席值日垃圾分类行动机制，促进了社区多元主体常态化参与垃圾分类行动；志愿队伍垃圾分类实践水平获得提升，可以独立开展楼门宣讲及巡查工作；居民养成良好的垃圾分类习惯，参与垃圾分类积极性提高了，投放准确率显著提升；促进了街道、社区以及更多社会力量关注垃圾分类问题，积极参与垃圾分类，营造良好的社区环保生态环境。实践表明，以社区会客议事厅和轮席值日为基础，沉浸式以点带面、逐层推进人人参与垃圾分类的工作模式具有推广价值。

从推进方式来看，将单一的入户指导转换为“线下楼门宣传 + 线上知识答题 + 线上行动打卡 + 入户宣讲指导”相结合的双轴多螺旋模式，循序渐进，逐步打破僵局，得到社区居委会、居民的大力支持，经前后测和过程中的水平测试、行动打卡，证实了该推进模式是切实有效的，也期待在项目结束后，继续探索、完善线上和线下相结合的轮席值日方式，进一步推进垃圾分类工作。

从团队配合来看，项目从刚开始的社会工作者团队单向发力，逐渐转变为与社区居委会、社区志愿者、社区居民骨干、社区服务单位共同发力、多元协同，团队配合的积极性和默契度越来越高，形成非常好的良性互动。项目即将结束时，社区居委会、社区志愿者、服务单位还与项目团队讨论项目未来的努力方向，这是大家并肩作战的结果。

（二）新冠疫情对项目实施的挑战与应对

设计项目内容预估风险时，专业社会工作者应综合考虑当时常态化新冠疫情防控情况，项目服务形式的不确定性和项目执行中的专业性问题。2021年8月初、10月下旬、11月上旬，项目实践社区新冠疫情多点散发，为避免人员聚集引发交叉感染，最大限度保障居民身体健康与生命安全，社区线下活动暂停，转为“线上为主，线下为辅”的服务形式，虽然如此，还是影响了项目的执行期。垃圾分类项目不是一蹴而就的，在有限的项目周期内，创新服务路径，完成项目目标，达成预期效果是一个巨大的挑战。

（三）双轴多螺旋逐层推进模式的启发

各社区垃圾分类情况有所不同，且同一社区的需求也在不断增加，需要动态管理，提供个性化、人性化服务。垃圾分类是一项持续性任务，任重道远，需要整合社区资源，调动多元主体共同参与，长效服务机制、居民自治能力的提升和骨干力量的培养尤为重要。

在本项目中，通过双轴多螺旋逐层推进模式，线上定期的“知识答题”“知识复盘”“行动打卡”和线下不定期的“主题活动”“社区宣传”“入户指导”“楼门议事”相结合，打破僵局和困境，提升了垃圾分类的参与率，并及时进行监测。项目结项后希望能够进一步探索线上和线下相结合的服务途径，完善双轴多螺旋逐层推进模式，利用数字技术做好项目监测，提高居民垃圾分类问题的反馈、协商与解决效率，保障社区环境治理的长效性和可持续性，共建共享科学、健康的社区生态环境。

附录

1. 对“公益1+1”资助行动的感受和反馈

（1）对万科公益基金会说：对万科公益基金会表示由衷的感谢！你们给予我们支持和鼓励，在项目申报和实施中给予我们足够的空间。未来我们希望能够继续扎根社区开展垃圾分类工作，为可持续社区环境建设、为生态文明贡献一份力量，也希望能够得到你们的持续支持！

（2）对北京协作者说：非常感谢北京协作者一直以来的支持和陪伴，不定期的线上线下能力建设和跟踪指导，让项目实施能够更加专业，信心更加充足。

（3）对“公益1+1”资助模式：政府提供政策指导，资助方提供资源支持，支持性组织提供专业支持，社会服务机构专注于服务行动，很好地整合了各方资源，发挥了各自的优势，共同为可持续社区环境建设发力。

2. 项目相关方对本项目的评价与反馈

（1）服务对象代表说：感谢大家为社区垃圾分类所做的工作和努力，“垃圾分一分，健翔美十分”，我们会将分类行动坚持下去。

（2）志愿者说：感谢领导的支持与信任，大家都是勇于奉献的人。很感动垃圾分类志愿者的付出被看见。“为社区更美好作贡献，指向哪里，走向哪里，垃圾分类，从我做起。”

（3）社会工作者说：本项目的实施不仅让我们的专业能力得到锻炼与提升，在社区工作方面积累了更多的服务经验，更重要的是发挥了我们社会工作者的作用，为社区垃圾分类作出了努力。希望能够继续肩负使命，促进社区可持续发展建设。

（4）社区代表说：感谢大家对社区垃圾分类工作的支持，第三方社会组织不仅提供专业服务，还撬动社会资源，带着“绿缘计划”的资金来到社区，激活了社区居民力量。对此表示感谢，期待接下来能够继续加强合作，为推动建设环境友好型社区共同努力。

（5）媒体代表说：该项目在宣传方面有统一视觉识别系统，这对于各组织和项目宣传都有非常重要的推动作用。

第二章
“环保家”社区社会组织培育项目

北京市大兴区大兴众合社会工作事务所

一、项目背景

（一）项目关注的问题

大兴区观音寺街道试点“环保家”社区社会组织培育项目，关注如何在社区通过培育社区社会组织，动员更多社区居民参与落实社区垃圾分类工作，在做好垃圾分类工作的同时，提升社区垃圾分类工作践行者、推动者的专业程度，并提升社区居民的社会责任感、社区参与意识和解决社区问题的能力。

（二）该问题对社会的影响

（1）随着经济水平的发展和物质消费水平的大幅提高，垃圾产生量急速增长，不仅造成资源浪费，也使环境隐患日益突出。北京市日均生活垃圾产量以万吨计算，对自然环境和居民生活造成重大影响。做好垃圾分类、减量和资源回收利用工作，有利于环境保护，促进社会的发展。

（2）2020 年 5 月新修订的《北京市生活垃圾管理条例》正式实施，“撤桶并站”“分类处理”为社区环境治理提出了新要求，也带来了新挑战，居民垃圾分类的意识和垃圾分类的技能亟待提升。

（3）通过对观音寺街道 21 个社区走访发现，大部分社区缺乏专业的垃圾分类组织，多数仅依靠社区居委会开展宣传和居民动员工作，社区居民的垃圾分类参与度低，居民垃圾分类意识淡薄，垃圾分类、减量和资源回收利用工作亟待提升。

（三）针对上述现状传统的解决方法

（1）依靠社区工作者和社区物业工作人员辅助或指导开展相关工作，在日常事务繁多、居民生活习惯不易改变以及工作人员数量受限的情况下，开展垃圾分类工作尤为困难。

（2）大部分社区有团员、党员等志愿者参与垃圾分类工作，在做好本职工作的同时，他们兼顾社区垃圾分类志愿服务，一方面在时间上无法保证长期投入；另一方面在垃圾分类宣传等工作方面缺乏专业系统知识，职责分工问题尚需明确。

（四）本项目对问题的认识和解决策略

（1）社区垃圾分类工作是一项长期性、系统性工程，不仅需要社区正式组织如居委会、物业等方面的努力，更需要社区非正式组织如社区志愿者队伍的参与。社区非正式组织既是本社区居民，代表着社区居民意志，又比个体的社区居民更具有组织化特点，容易调动和有效分工。因此在社区发展专业的垃圾分类社区社会组织更能激发社区开展垃圾分类工作的内生动力，更能维护社区垃圾分类和减量工作的持续开展。

（2）在社区培育和发展垃圾分类社区社会组织非常必要而且具有实践意义。本项目设计了培育扶持垃圾分类社区社会组织的两条路径：一是在社区原有垃圾分类志愿者队伍基础上，规范和提升原有队伍，促使志愿者队伍向正规化、专业化和可持续化发展；二是在试点社区招募、组建和培育“环保家”专业组织，通过组织活动的开展吸纳、调动社区居民参与，逐步实现社区垃圾分类工作的自治、自我管理。

二、项目设计

（一）项目设计的思路

本项目以培育发展社区垃圾分类社会组织为直接目标，通过广泛宣传，招募有意愿的社区居民加入志愿者队伍，并通过一系列垃圾分类知识、技能技巧以及组织管理方面的培训，提升参与人员的垃圾分类动员能力、垃圾减量技能、资源回收技能，实现生活垃圾减量，同时加强组织建设，使社区社会组织提高自我行动能力和可持续发展能力。

（二）项目目标

（1）提升社区原有志愿者队伍垃圾分类服务能力和水平。

（2）增强居民环保意识，提升垃圾分类宣传、指导社区动员的能力。

（3）以“环保家”队伍骨干积极分子带动社区更多家庭践行垃圾分类，实现垃圾分类、减量，增强居民对社区环境改善的参与意识和能力，共同促进垃圾分类氛围和整体环境改善。

（三）项目运用的专业理论

（1）社区发展模式。本项目关注社区环境问题，强调参与，推动社区居民自下而上地成立社区自组织进行参与、合作，让居民群体组织起来，关注社区公共事务，解决社区共性问题，通过居民之间的沟通交往、互助合作，在群体中作出自己的贡献，在解决问题的过程中增强社区归属感和凝聚力。

（2）社会支持理论。社会支持是由社区、社会网络和亲密伙伴所提供的感知的和实际的工具性表达或表达性支持。能够为服务对象提供帮助的社会支持网络通常可以分为正式和非正式两种，社会工作服务作为一种正式的社会支持网络，应该发挥两个作用：一是以自己掌握的社会资源为服务对象提供直接的帮助；二是补充和扩展非正式的社会支持网络，提高建立和利用社会支持网络的能力。

在本项目中，万科公益基金会、北京协作者、大兴众合社会工作事务所以及观音寺街道社区社会组织联合会等机构所构成的社会支持网络为试点社区的垃圾分类、减量工作提供了直接的资源支持，也通过对“环保家”社区社会组织的培育，帮助社区居民扩大了社区支持网络，提高了居民建立和利用社会支持网络的能力。

（3）增权理论。增权理论强调社会工作者与服务对象的关系是一种合作性的伙伴关系，社会工作者关注的焦点在于服务对象与环境之间是否能够实现有效互动。在社会工作实务过程中，比较注重受助者的能力和价值，相信受助对象的潜能。“环保家”社区社会组织的培育，一方面为社区居民提供学习相关知识和技巧的机会；另一方面相信社区居民有自我实现、自我改变的潜能。

（四）项目运用的专业方法

本项目运用社会调查、社区社会工作和社会工作督导的专业方法。

（1）社会调查。在项目设计阶段和前期准备阶段，机构针对街道21个社区进行实地走访和座谈等形式的社区调研，收集了社区人口、地理和社区社会组织现状、垃圾分类开展情况等基础性资料，为项目设计和开展奠定了基础，并依据基础资料设定了服务目标和策略。

（2）社区社会工作。社区社会工作是社会工作者运用专业方法解决社区问题、促进社区发展的方法和活动，是以社区居民为工作或服务对象，通过专业社会工作者的介入，确定社区的问题与需求，发掘社区资源，动员和组织社区居民实现自助、互助和社区自治，化解社区矛盾和冲突，预防和解决社区问题，从而提高社区服务质量、福利水平，促进整个社会的进步。

“环保家”社区社会组织培育项目主要是运用社区社会工作方法中的地区发展模式，关注社区垃圾分类的共同性问题，培育社区本土志愿者，特别重视居民的参与，在理性方法指导下，确立社区工作目标，为组织的发展和社区环境的建设制定了可行性方案和策略。

（3）社会工作督导。督导是一种专业训练的方法，它是由资深的社会工作者，对新入职的社会工作者进行定期或持续的监督、指导，传授社会工作专业知识与技术，以增进其专业技巧，进而促进他们成长并确保服务质量的工作。

（五）运用上述专业方法的原因

（1）调研是基础性工作，通过调研活动收集社区基本资料和了解垃圾分类开展的实际情况是开展服务项目设计和落实服务内容的前提。

（2）本项目在城市社区开展，综合运用社区社会工作方法开展服务，有以下几个优势：一是分析问题的视角更为结构取向。垃圾分类参与度低的问题并不完全是居民个人自身原因，而是与垃圾分类处理生态系统、长期以来居民的生活习惯、整个社区乃至社会文化以及法律制度等都有密切关系；二是介入问题的层面更为宏观。要实现社区垃圾分类和减量，解决问题的责任除了居民个人，各类正式组织和非正式组织的力量更为直接和有效；三是垃圾分类是一项系统性工程，各个子系统之间存在着多元互动的关系，单一地采用一种方法和手段，针对个人或某一群人都难以达到全面治理的效果，因此要将垃圾分类问题和所采用的具体方法放在动态的系统中进行考量。

（3）在本项目中采用“一对一”和“一对多”督导的工作方法，这种方法对于新加入的不具备垃圾分类工作经验的社区志愿者和志愿者队伍来说是非常有效的，不仅能够在实务工作过程中示范传授相关技能，帮助志愿者建立服务信心，志愿者能够更深入体验和感受工作成效，同时便于评估工作效果，提出改善意见。

三、项目实施过程

（一）项目实施初期

1. 项目组组建和工作对接

在项目实施初期，召开项目工作会确定项目负责人及参与人员，并制订了详细的项目实施计划，通过项目组成员对 5 个试点社区居委会、物业、社区居民代表的走访以及与社区社会组织座谈等方式，进一步沟通和做好项目落地准备。

2. 项目宣传

在观音寺街道各个社区开展线上项目宣传活动，并通过街道社区社会组织联合会下发通知，招募 5 个社区内有意愿的社区社会组织和居民骨干参与服务项目。在首座御园二里社区各楼门宣传栏张贴海报、在社区人口流动多的点位设置宣传展位开展招募活动，共招募 17 位成员加入“环保家”队伍当中。

3.“环保家”社区社会组织的组建

因为疫情因素不能聚集，将“环保家”社区社会组织负责人推选会改为“一对一”走访和意见收集，邀请“环保家”志愿者和物业、居委会、居民代表征询意见，确定“环保家”队伍负责人，并由队伍负责人召集相关人员讨论制订了后续工作计划（2021 年工作方案）。

（二）项目实施中期

1. 团队建设活动

分别召集观音寺街道的观音寺北里社区、盛春坊社区、首座御园二里社区、开发区社区、金华里社区和新居里社区 6 个社区的垃圾分类队伍开展团队建设活动，通过对组织章程的讨论和在民政系统备案，帮助队伍树立组织观念，明确组织目标和定位。为每个社区社会组织队伍配备垃圾分类工具，举办团队建设活动增强团队意识，提升组织的凝聚力，同时规范组织的管理水平和协作能力。

2. 赋能培训活动

针对社区社会组织人员情况、服务水平和组织管理能力等现状，分别设计了社区社会组织管理培训、社会组织活动方案撰写培训、垃圾分类宣传培训、志愿者礼仪培训、垃圾分类技巧培训和资源回收利用技巧培训 6 个主题的培训课程。

针对社区社会组织自我认知和非营利组织管理等方面的问题开展培训，帮助社区社会组织在政策法规、实践操作和发展规划等方面进行梳理。针对社区垃圾分类工作缺乏系统性思考和专业方法的问题，先后开展宣传动员、分类技巧、沟通技巧、回收利用方法等方面的培训，帮助社区社会组织提升服务能力和水平。

3. 资源回收专题活动

社会工作者带领“环保家”成员和社区居民开展了废旧吸管编织、“践行环保生活，易拉罐变身艺术品”的制作、环保酵素制作、废旧闲置物品改造以及旧衣物改造活动，吸引更多社区居民关注和参与垃圾分类，提升“环保家”成员的资源回收技巧，增加垃圾回收种类和方法。

（三）项目实施后期

1. 自主活动开展

（1）垃圾分类社区宣传和动员

由各社区社会组织在社区开展垃圾分类知识宣传活动，向居民讲解垃圾分类的意义，发放垃圾分类宣传页，开展垃圾分类文艺节目编排和演出，以身作则在社区带头开展废旧物品清理收集等活动，普及知识，提高居民的环保意识，营造垃圾分类的社区氛围。

（2）“蔚蓝地图”打卡活动

在5个社区发起“蔚蓝地图”打卡活动，以趣味性手段吸引居民关注和参与社区环保活动，助力垃圾分类工作的实施和开展。

（3）桶前值守活动

6个社区社会组织自发在社区垃圾分类桶前开展“桶前值守”活动，制定严格的排班表、统一工作规范，示范指导居民进行垃圾分类投放，同时针对个别居民的不文明行为进行劝导，产生示范和约束效应。

2. 监测督导活动

为了检验和监测社区社会组织的服务情况，机构社会工作者针对社区社会组织开展的服务进行了现场监测和指导，通过实地观察发现社区社会组织在服务过程中存在的各类问题，并及时给予指导，帮助社区社会组织及时改善，提升服务质量。

四、项目成效

（一）项目取得的服务成效

1. 直接产出

（1）通过本项目的实施和开展，在观音寺街道首座御园二里社区和盛春坊社区共培育出2支专门的垃圾分类志愿者队伍，在一年的服务开展过程中逐步建立了规范的社区社会组织。无论是在服务能力、服务水平还是在社会组织管理水平上，他们的能力都得到了快速提升，逐步成为社区开展环境治理和垃圾分类工作的重要力量。

（2）自大兴区观音寺街道试点“环保家”社区社会组织培育项目开展以来，社会工作者指导社区社会组织分别在观音寺街道观音寺北里社区、新居里社区、金华里社区、开发区社区、首座御园二里社区和盛春坊社区开展了垃圾分类宣传、旧物改造等活动，累计服务超过28次，参与服务志愿者人数达250余人，挖掘居民骨干20人，参与服务人数超过600人，影响社区家庭9000多户，营造了垃圾分类、垃圾减量工作氛围，提升了社区居民的环保意识。

2. 项目影响

（1）通过项目开展和社区社会组织的带动，部分试点社区的居民对垃圾分类由抗拒到接受到自主践行垃圾分类行为，甚至自主加入“环保家”队伍，积极为社区的垃圾分类、垃圾减量、资源回收等作出贡献，首座御园二里社区小学生积极参与垃圾分类工作，在青少年群体中产生了积极影响，给青少年树立了良好的榜样。

（2）垃圾分类志愿者队伍从无组织到有组织，从随意随性开展活动到到岗到责，增强了组织归属感和责任感，通过参加各种培训和督导活动，志愿者自身的素质和服务能力大幅度提高。

首座御园二里社区的孙斌阿姨退休之后，偶尔会利用闲暇时间参加社区的垃圾清扫等工作。在正式成为“环保家”成员的那天，孙阿姨非常高兴地表示，这是她人生第一件专属志愿者服装，非常荣幸能够加入“环保家”组织，会好好爱护这件服装，也会利用更多时间参加社区垃圾分类工作。此后，孙阿姨一直努力学习垃圾分类知识、以身作则开展垃圾分类，积极参加社区垃圾分类志愿服务工作，在桶前值守时认真负责，无论白天还是夜晚，晴天或雨天，她都会按时桶前值守，指导居民规范分类，逐渐成为社区社会组织的骨干。

在“环保家”队伍的带领和宣传下，社区居民积极参与垃圾分类工作，社区垃圾减量在持续进行。以新居里社区为例，垃圾减量明显，平均每天减少1桶其他垃圾。同时，各社区居民自行开展厨余堆肥、环保酵素制作等活动，通过跳蚤市场交流交换闲置物品100多件，清理清运大件垃圾1吨多，改善了社区的整体环境。

（3）用兴趣做好垃圾分类宣传。观音寺北里社区的“观之韵”艺术团由30位退休的社区老年人组成，艺术团成员平常排练各种丰富多彩的节目在社区演出。“环保家”项目开展以来，“观之韵”艺术团受到启发，自发在节目创作中融入垃圾分类主题元素，把垃圾分类的知识和技巧编制成朗朗上口的“三句半”、说唱歌词，还把垃圾分类小故事编排成情景剧搬上舞台，通过自编自演的节目，幽默风趣地向广大社区居民宣传垃圾分类，深受居民的喜爱。

（4）观音寺街道试点“环保家”社区社会组织培育项目的开展，整合街道、社区、社区社会组织联合会、基金会等各方力量，共同推进和开展垃圾分类工作，起到了良好的示范效应，成为观音寺街道品牌性社区社会组织，为其他社会力量在环境建设工作和其他类型的社区社会组织培育方面提供了可借鉴的经验。

（5）机构自身通过开展“环保家”社区社会组织培育项目，提高了在环保工作方面的专业性，增强了在社区社会组织孵化培育领域的工作成效，促进参与项目人员自身工作能力的提升和自我成长。

（二）项目的创新或独特之处

本项目通过社区社会组织培育开展环保工作，有效地将政府部门、社会组织、居民、志愿者和社会力量整合起来，通过关注垃圾分类这个共性问题，以培育本土社区社会组织为目标，关注居民参与，调动社区内生力量，为社区垃圾分类及环境治理工作建立长效机制提供了良好的实践经验。

五、反思与建议

（一）项目反思

（1）“环保家”社区社会组织培育项目在项目设计方面过于强调组织培育目标，对于垃圾分类成果和环保成效关注不足，缺乏有效的垃圾减量和垃圾分类数据收集、测算和统计方法。

（2）强调提升组织的整体能力，相对忽视了组织中成员个人的独特需求，解决群体需求优先于个人需求。

（3）项目涉及的社区比较多，受项目时间、新冠疫情等因素限制，垃圾分类、减量工作做得不够深入。

（4）社区发展模式强调对参与过程中居民沟通对话能力的培养，民主意识、社区责任意识的培育，需要更多的利益相关方能够以参与者身份介入。垃圾分类工作虽然具备公共性特点，但是由于分类工作涉及社区里的每一户，动员每个相关方介入具有一定的难度，因此，项目在有限的时间和财力、物力下能够覆盖的人群有限，短期内不能做到人人参与、人人分类。

（5）垃圾分类是系统性工程，通过社区社会组织培育开展居民动员、分类引导等工作能够以社会公德约束等形式在源头上进行分拣约束，但真正实现垃圾减量还要靠生活方式和社会文化等因素的转变才能彻底改观。此外，仅依靠社会公德约束，缺乏有效的法律手段，对一些单位、个人不能够形成强有力的震慑，短期内难免分类不够彻底。由于受配套设施、处理方法等多种因素影响，后期的垃圾分类处理难以做到公开、透明和规范，这使得垃圾分类和垃圾减量在社区层面遭受质疑，影响工作的开展。

（二）基于本项目实践的建议

（1）解决垃圾分类等社区共同议题和本土社会工作服务开展不能脱离本土文化。成功案例本身都有独特条件，完全照搬国外垃圾分类环保工作模式或其他地区的成功经验都很难适应本土文化，需要我们在符合地域特点的基础上进行改进和创新。例如，本项目注重在当地社区中挖掘培育居民领袖和骨干人物，但是在参与服务的过程中，往往因为社区居民不理解不配合，而导致居民骨干失去热情和信心。这个时候项目如果设置过高的垃圾分类和减量指标，就会让所有社区居民都不愿意也不敢参与，因此本项目在开展过程中，更多的是注重“先吸纳，再培育，然后提要求”，将培育工作、垃圾分类工作作为一项长期性工作来开展，在奠定稳固的社群基础之后，再在专业领域寻求突破。

（2）资源整合的重要性。通过强有力的资源整合能力，将问题的相关方纳入共同议题中，才能有效解决问题，形成合力。例如在金华里社区，由于社区物业历史遗留问题，导致垃圾清运成为本项工作的最大阻碍，所以社区居委会、社会工作机构、物业等多方力量共同协商，聘请清运工解决垃圾清运问题成为项目执行的关键性因素，而这是整合街道、社区、物业、企业等多方力量共同克服的。

附录

1. 对“公益1+1”资助行动的感受和反馈

（1）对万科公益基金会说：万科公益基金会是做可持续社区议题的先行者，践行“面向未来，敢为人先”的工作理念，不惧怕攻克社区废弃物管理难题，带领公益组织积极探索创新服务模式，做强做好“公益强生态”。有幸参与“绿缘计划”，希望能够大胆探索，努力实践，学习基金会的理念，跟随基金会的脚步，勇于创新，面向未来。

（2）对北京协作者说：北京协作者以专业的工作态度、执着的社会责任感，通过开展“公益1+1”资助行动，帮助公益机构克服困难，促进大家抱团取暖，营造良好的公益环境，构建多方协作平台。两年来参与“公益1+1”项目，机构获益良多。希望北京协作者继续领跑北京市社会服务，引领和带动行业发展。

（3）对“公益1+1”资助模式说：“公益1+1”这种政府提供政策指导、基金会提供资源支持、支持性组织提供专业支持、社会服务机构专注于服务行动的良性公益生态链模式，明确了各方功能定位，使社会治理主体各司其职，充分发挥各自优势，为基层社会服务机构提供了更多的机会和平台，有利于促进社会组织参与，实现“共治共建共享”的社会治理格局。

2. 项目相关方对本项目的评价与反馈

（1）服务对象代表说：勤俭节约原本就是一种美德，在项目中跟老师们学习的废物利用技巧，为日常生活节约了很多生活资源，节省了生活开销，保护了社区环境。

跟老师学习制作的易拉罐画，到现在依然很喜欢，还教会了几个邻居一起来制作，大家都很喜欢，希望以后还能有这种活动。

（2）志愿者说：很荣幸能够加入“环保家”组织，为自己能够成为一名专业的志愿者感到自豪。

很喜欢这件志愿者服装，会好好珍惜，也会继续多为社区垃圾分类工作服务。

（3）社会工作者说：“环保家”社区社会组织的成立，为垃圾分类、减量等社区环境的可持续建设提供了全新的思路，从依靠社区居委会和物业到发展本土社区志愿者组织，有利于环境建设工作的深化和全面开展，值得参考。

（4）社区代表说：社区是居民生活的主要场所，社区环境建设应该依靠全体居民的力量。

垃圾分类工作是一项长期工作，从提高居民的垃圾分类意识到践行垃圾分类行为，“环保家”社区社会组织的成立都是必要的。

第三章
正阳人家“零废弃”英雄之旅

北京市东城区三正社会工作事务所

一、项目背景

（一）项目关注的问题

本项目关注社区治理视角下的可持续社区环境建设问题，重点关注如何培育和发挥居民自治组织在垃圾分类源头治理中的功能作用问题。

（二）该问题对社会的影响

垃圾分类源头治理是当前社区治理实践中的难点，探索这一问题的解决方案可以助力可持续社区环境建设，也可以推动社区治理体系完善和社区治理水平提升。

（三）针对上述现状传统的解决方法

传统的解决方法是政府主导，从政策到执行，居民的主体性发挥不充分，尚未实现“要我做”到“我要做”的转化。

（四）本项目对该问题的认识和解决策略

本项目认为，当前垃圾分类治理问题的瓶颈是人的发展问题，基于相信人人都可以成长和改变，采取促进主体意识归位的策略，以社区社会组织培育为支撑，以“零废弃”生活方式倡导推广为主线，关注居民自治力量的成长，协同多元主体构建社会支持网络，动员居民自发自觉做好居家垃圾分类，以垃圾分类关键小事为突破口，推动可持续社区环境建设，进而推动社区治理创新实践。

二、项目设计

（一）项目设计思路

本项目的设计思路是整合协同发展模式，在需求评估和目标设定上，挖掘整合各利益相关方面临问题背后的急迫需求和行动意愿，协同自上而下和自下而上两大治理力量的优势，既回应当下的现实问题，又着眼于未来的可持续发展。

（二）项目目标

本项目的总目标是推动北京市东城区前门街道草厂社区开展社区治理创新实践，丰富院落更新“共生院”模式内涵，倡导居民践行“零废弃”环保理念，探索平房区可持续社区环境建设的路径及模式，进一步打造草厂文保区“老胡同，现代生活”的历史人文生态新风貌。

围绕总目标，实现“三个一”分目标：其一是指导草厂社区孵化培育一支“零废弃”环保先锋居民队伍，提供专业赋能，建立常态化服务机制，入院入户开展垃圾分类源头治理；其二是打造一批“零废弃”示范院落，形成样本案例，影响带动更多居民践行“零废弃”的环保健康生活方式；其三是构建一张能为可持续社区环境建设增权赋能的社会支持网络，形成联盟共建生态，探索共建共治共享的创新模式。

（三）项目运用的专业理论

本项目主要运用的是社区社会工作中的地区发展模式理论。该模式的核心理念是强调参与，以社区居民为行动主体，鼓励社区居民通过自助或互助的方式，广泛参与社区事务，解决社区问题，推动社区发展。

本项目以社区垃圾分类源头治理这一社区共性问题为契机，发挥“小院议事厅”居民议事协商平台的功能作用，通过“零废弃”社区社会组织培育、社会支持网络建设，帮助居民认识社区参与行动的重要性并愿意承担责任，使居民对社区更加认同与投入，逐步建立社区居民自治能力，提升社区的治理水平。

（四）项目运用的专业方法

本项目在开展“零废弃”环保先锋组织培育工作中，主要运用社会目标小组工作模式，通过整合草厂社区“小院议事厅”和“巾帼志愿者队伍”两大社区社会组织的骨干力量，精心督导“零废弃”核心小组的管理团队，综合教育小组和支持小组的介入方法，结合议事协商、赋能工作坊、“百日打卡”活动等方式，增强组织成员对“零废弃”的认知，鼓励和激发小组成员积极开展“零废弃”生活实践，提升参与社区垃圾分类问题的责任意识和行动能力。

（五）运用上述专业理论和方法的原因

采取地区发展模式理论的主要原因是匹配草厂社区当前社区治理创新实践的实际需要，通过培育居民自治力量，打造多元主体参与的社区治理共同体，进一步完善治理体系，提升社区治理水平。

运用社会目标小组工作模式的主要原因是要发展具备参与社区治理的功能性社区社会组织，采取教育小组和支持小组的介入方法，考虑组织化建设过程中小组不同发展阶段的实际需要。

三、项目实施过程

本项目的实施过程大致分为如下三大阶段。

（一）第一阶段：项目实施准备

本阶段重点是组建多元主体参与的项目实施团队，为项目的执行提供组织协调和资源保障。结合街道社区中心工作的任务目标，将项目目标嵌入街道社区中心工作，获得街道社区的重视和支持。具体来说，跟前门街道社会建设办公室达成合作共识，将“绿缘计划”项目作为街道开展社会工作服务中心平台建设试点的工作内容之一，并基于项目实践为街道优才团队提供实务督导支持。跟草厂社区达成深化“小院议事厅”培育环保类社区社会组织的合作共识，将“绿缘计划”项目作为社区开展垃圾分类源头治理的创新举措。

（二）第二阶段：“零废弃”环保先锋组织培育

本阶段重点是围绕项目目标的实现，努力在草厂社区培育一支环保先锋社区社会组织。首先是基于社区资源和社区社会组织发展规划，整合草厂社区已有的工作基础，招募组建“零废弃”核心小组，开展组织化建设，明确组织定位及发展方向，协助管理团队制定运营管理制度，初步建立一支居民队伍。其次是有针对性地开展赋能工作坊，链接外部专业资源为组织成员赋能，提升大家对垃圾分类、“零废弃”的认知，做好知识储备，同期策划开展第一阶段“百日打卡”活动，让组织成员先在居家垃圾分类上做到知行合一。随后通过参加第四届“零废弃日”主题宣传活动，配合第二阶段“百日打卡”活动，鼓励组织成员积极开展“零废弃”生活体验和实践，逐步养成减量低碳轻生活的生活习惯。发起第三阶段“百日打卡”活动，巩固前两个阶段活动成效，在居民动员、社会倡导方面积极发挥作用，带动周边社区居民关注并参与“零废弃”建设行动，通过展示交流活动积极为社会贡献正能量。

（三）第三阶段：“零废弃”试点院落建设

在“零废弃”环保先锋组织培育的基础上，本阶段首先是通过多种途径进行院落招募，先后有 7 个院落报名。其次是链接北京林业大学园林学院专业团队提供专业支撑，开展院落调研评估，综合评定后选定了 3 个院落进行营造方案设计，随后完成了第一个样本院落草厂七条 13 号院的基础营造，并同步开始“零废弃”生活方式科普倡导活动，相关创新实践获得《北京日报》及东城区政府办公室的关注，初步在草厂社区营造了推动可持续社区环境建设的社会支持网络，待全部 3 个试点院落完成营造后，开展对外宣传，并同时启动下一轮社会倡导行动——与北京林业大学园林学院发起“零废弃花园建设”大赛，打造“零废弃”建设的“草厂模式”。

四、项目成效

（一）项目取得的服务成效

1. 项目整体成效描述

其一，在当前政府自上而下主导的“美丽院落”建设项目模式之外，积极探索社会多元主体协同、以院落居民为主体的微更新实践模式。本项目开展的“零废弃”院落建设试点，通过方提供了自下而上的“美丽院落”建设样本。

其二，在当前社区垃圾分类源头治理社会动员问题上，积极探索以专业社区社会组织培育为突破口，以更高阶的生活方式倡导来推动可持续社区环境建设，为社区治理创新实践提供了社会动员的新方法。本项目培育的“零废弃”环保先锋组织成为推动草厂社区垃圾分类工作提升的重要力量，为可持续社区环境建设奠定了良好基础。

2. 受益群体的变化

本项目的受益群体首先是参加“零废弃”环保先锋组织的居民，他们的变化是最大的。他们的垃圾分类意识和能力得到了很大的提升，他们对“零废弃”从不知到知、从知到践行，一路都得到了鼓励和肯定，收获了意义感和荣誉感，一定程度上增强了他们追求美好生活的意愿和动力。其次是参与“零废弃”院落建设试点的院落居民，他们的环保理念及生活方式被认可和推崇，激励了他们积极开展“零废弃”生活实践。再有院落营造一定程度上提升了院落居住环境的品质，激发了院落居民参与社区环境治理的动力。

故事一，“百日打卡”活动，你是认真的吗？

策划“百日打卡”活动时，一开始绝大多数人都表示怀疑，有必要吗？养成习惯有21天不就够了吗？还有线上小程序打卡大家会用吗？会有人坚持下来吗？等等，当时三正社会工作事务所的社会工作者开玩笑地回应道：我们的项目是“零废弃”英雄之旅嘛，当然不一样，何妨先往前走走呢。

一开始大家不熟悉打卡小程序，后来你教我、我教他的也都能熟练使用了。打卡内容从一开始的居家垃圾分类，到后来的“零废弃”生活方式分享，大家在平台上相互学习，彼此鼓励，最后都可以动员身边的人一起行动，“零废弃”英雄之旅不知不觉间就走过了一百天。后来复盘“百日打卡”活动时，绝大多数人都感叹当初真是没想到可以坚持下来，也没有想到这个线上打卡活动让自己学习了那么多“零废弃”生活的小窍门。还有人开玩笑地说，当初真的以为社会工作者是开玩笑的，没想到你们是认真的。

再后来“绿缘计划”的伙伴来前门参访交流时，社会工作者邀请了几位居民代表跟伙伴们分享学习实践“零废弃”生活方式心得，当天的现场也是万万没想到。大家纷纷带上了“家伙什”，把自己的旧物再造的代表作拿出来好好展示一番，有人分享心得还准备了发言稿，现场喊出“零废弃”生活的最强音。这次我知道了，不只是三正社会工作事务所的社会工作者，你们也是认真的，我们大家都是认真的。

3. 项目对志愿者的影响

本项目的志愿者主要是北京林业大学园林学院的师生，他们在城市微更新方面有深厚的专业背景和丰富的实践经验，本项目对他们最大的影响是提供了在社会治理政策背景下，在运用社会工作价值观及方法论基础上，为他们的理论和实务研究拓展了新的领域，使他们更加坚定了开展城市微更新行动的价值和意义，与社区居民共同成长，成为“零废弃”生活美学推广的有生力量。

4. 项目对社区的影响

本项目对社区的影响直接体现在助力社区垃圾分类工作的开展，培育的“零废弃”环保先锋组织在践行居家垃圾分类、社区桶前值守、居民宣传动员等工作上发挥了突出作用，对社区“两委”的工作也有激励和启发。他们从一开始的配合心态到后期把项目成果作为社区特色亮点对外宣传展示，他们对进一步创造社区治理创新实践的新故事更有信心和动力。

5. 项目对社会的影响

本项目的社会效应还有待跟踪评估。本项目的实践得到东城区政府办公室的关注，东城区民政局初步考虑将本项目的试点经验在东城区进行推广，未来会影响到更多参与试点的街道社区。

6. 项目对其他相关方的影响

本项目给前门街道社会建设办、城管办、网格中心以及物业公司等相关方也带来积极的影响，让他们看到了另外一种工作模式，增强了他们开展政企社合作，发挥多元主体优势，协同开展可持续社区环境建设的信心和勇气。

（二）项目的创新或独特之处

本项目的创新点有如下几个方面：

（1）在项目立意上不拘于现实，跳出常规的路径及模式，敢于探索通过“零废弃”生活方式倡导来回应垃圾分类问题。

（2）在行动策略上坚持以人的发展和组织建设为核心，敢于选择自下而上的推动方式，追求可持续发展。

（3）在项目实施过程中敢于随需而变，运用营销的视角和客户管理的方式来进行资源整合，在行动中寻找共识。

故事二，打造“零废循环”小院，这个能有人买单吗？

按照一开始的构想，我们的“零废循环”小院打造是要在“美丽院落”的基础上，迭代升级“共生院”模式的，也曾朝这个方向去努力过，想着能傍上“大款”是不是就衣食无忧了，结果自然是“颜值不够能力来凑”，只好“外出化缘”，自力更生啦。

一般英雄之旅来到危急时刻，自然“山重水复疑无路，柳暗花明又一村”。这不，困难时刻选择依靠草厂社区的父老乡亲，同时向母校北京林业大学求救，成功链接到“宇宙最强”的园林学院师生团队，他们之前在城市微更新领域已经做出了两个版本的先锋性实验，下一步往哪儿走呢？转角处遇到了正阳人家“零废弃”英雄之旅，知山知水，树木树人，北林人自然一拍即合。

有了“神兵天降”的专业技术支持，“零废循环”小院一下子就梦想照进了现实。在走访调研了报名的7个院落后，最终锁定“七条大爷”（草厂七条13号院主人微信名）作为第一个样本首发出场，完成了基础营造后，一幕“零废循环”小院的大戏就拉开帷幕了。随着《北京日报》《新东城报》等媒体的关注和报道，“七条大爷”和他的“零废循环”小院一不小心就成网红了，他们的“零废弃”生活方式也不再是秘密了，一个月产生垃圾不到7.5千克，减量达到83%，已经上“今日头条”了。“零废循环”小院犹如一枚掷向湖心的小石子，虽然只是起来一片涟漪，但今后垃圾分类的江湖就会有新的故事了，也不只是在前门，别的街区“零废循环”小院的故事也即将上演。

现在还依稀记得项目立项评审时专家们对“零废弃”院落将信将疑的情景，谁也没想到“零废循环”小院现在成了爆款。最近政府相关部门、社会组织、媒体等多方面都关注到前门的实践，也有追随者开始加入这个阵营一起搞事情了。嘿，我当初是怎么说服大家为我们这趟“零废弃”英雄之旅买单的呢？也许是三正社会工作事务所社会工作者的一腔热血，也许是当时不知天高地厚的想法，也许是面向未来，大家都敢为人先。

五、反思与建议

（一）对项目设计的反思。对于短周期的项目而言，目标设定有点理想化。基于“零废弃”环保先锋组织建设和“零废弃”试点院落建设构建可持续社区建设发展联盟的逻辑，过度依赖过往的经验和工作基础。

（二）在项目实施策略上有一定的路径依赖，对可能遭遇的重大变化和实施困难严重预估不足，加上项目实施前对于环保议题、“零废弃”这个领域的知识储备和专业资源链接比较欠缺，未能实现“高举高打”形成趋势引领，未能最大化彰显创新实践的社会价值。

（三）要敢于直面最核心的问题，敢于在实践中去探索新的可能性。

附录：

1. 对“公益1+1”资助行动的感受和反馈

（1）对万科公益基金会说：感恩资助，面向未来敢为人先的理念鼓舞人心。

（2）对北京协作者说：专业服务精神令人钦佩，赋能式监测评估让人温暖。

（3）对“公益1+1”资助模式：这种模式有创造力，真正实现了“1+1>2”。

2. 项目相关方对项目的评价与反馈

（1）服务对象代表说："零废循环"给我们的生活提供了便利，美化了环境，感谢"绿缘计划"项目。

（2）志愿者说：作为参与"绿缘计划"中的高校团队，几个月以来在草厂社区的实践受益良多。一方面，"零废循环"小院计划作为"绿缘计划"的子项目，将城市更新、参与式营造的理论与实践结合起来的一次探索；另一方面，一个长期在地的更新项目包含居民决策共议、发展共建和营造共管等众多环节，需要同样长期在地的组织协调者。前门街道草厂社区和三正社会工作事务所通过"绿缘计划"为居民有序参与社区营造提供了平台，探索出自下而上与自上而下良好嵌合的可持续参与式更新模式，这种模式给予高校团队极大的灵活性，有效地提升了居民参与深度与广度。

（3）社会工作者说：利用专业知识，进行小院改造，用实际行动服务居民，美化环境。棒棒哒！

（4）社区代表说：庆幸"绿缘计划"能在我们前门街道落地实施。"绿缘与优才双计划"的完美结合促使我们街道在"垃圾分类"这件小事上又有了新的突破，并形成了"五社联动""零废循环"小院等可复制经验，带动居民参与社区治理。希望"绿缘计划"能与我们前门街道继续合作，围绕"净、竞"二字做文章，探索更多的实践路径和模式。

（5）媒体代表说：我觉得这是一个很有意义的项目，而且非常希望它能够在更多的地方实践。我在采访的过程中也学到了很多。

（6）其他：这种形式特别好，实现了政府、社区、高校、公益组织和居民的联动，未来可以持续深度合作。

"绿缘计划"的一个特点是，在绿色这个大的主题下，涵盖了多个领域的工作，不仅实现了绿色生活倡导的全程化，也促进了各专业团队之间的衔接和交流，未来成长的潜力特别大。

第四章
“同呼吸、共担当、齐行动”绿色社区建设服务项目

北京市门头沟区城子立德社会工作服务中心

一、项目背景

（一）项目关注的问题

本项目主要关注“环保教育”与“环保参与”两项最为核心的基本内容，深度挖掘社区环保参与力量，解决环保参与群体单一化问题。

（二）该问题对社会的影响

社区内参与环保工作的大多为老年志愿者群体，日常工作普遍为维护社区环境，儿童青少年群体及其家长青壮年群体参与率较低，存在不珍惜志愿者劳动成果、破坏环境的现象。

（三）针对上述现状传统的解决方法

传统解决方法为开展儿童青少年、青壮年环保、垃圾分类等相关培训工作，或者开展相关的环保活动。

若没有持续性，仅凭几场培训或活动很难真正激发起居民的积极性。

（四）本项目对该问题的认识和解决策略

充分体现驻扎在项目实施地的优势，对儿童青少年及其家庭进行长时间的陪伴、教育与引导，通过开展可持续的系列活动，重视服务对象的“参与和教育”，以“提升服务对象环保意识”为初心，精心策划、实施好每一场活

动，真正调动起居民的环保参与热情。

二、项目设计

（一）项目设计的思路

本项目以“环保群体差异化、环保疑难具体化、环保活动趣味化、环保参与协同化”为执行原则与思路。

（二）项目目标

（1）增加社区居民的环保知识储备，深化居民环保意识，提高环保行为正确率。

（2）通过调动社区居民，尤其是社区青少年与社区家庭的参与热情，促成“绿色社区、人人参与”的美好局面。

（3）强化社区两支环保队伍服务优势，并形成整体服务合力，提升社区环保自治水平。

（4）通过社区居委会、物业、驻区学校、社区环保自治队伍、社会工作机构的多元协同参与、多方配合监督，构建绿色社区建设的可持续化机制。

（三）项目运用的专业理论

1. 社会学习理论

社会学习理论认为，学习者不是通过直接的刺激—反应模式来学习的，学习者不直接介入行动过程，不亲自接受强化，不直接作出反应，只是通过观察别人的行为即可学习和获得这个新的行为和反应方式。

它将模仿分为两种类型：适应性的模仿，是指人为了积极地达到目的而观察学习别人的行为；选择性模仿，是指人们经过思考有选择地选取模仿行为。对榜样人物的观察、模仿是人们学习产生新的符合文化的适应性行为的重要手段。

社区活动是一个学习的场域，在这个场域中有很多儿童青少年群体。服务对象通过观察和模仿会学习和习得一些行为，服务对象间也会进行各自的分享，其中有正面的行为也有负面的行为，项目实施团队会及时指出正确的可取的经验，进行推广与分享，使得服务对象都能观察和模仿到正确的行为，得到进步和成长。

2. 埃里克森人生发展八阶段理论

埃里克森认为，人的自我意识发展持续一生。他把自我意识的形成和发展过程划分为 8 个阶段，这 8 个阶段的顺序是由遗传决定的，但是每一阶段能否顺利度过却是由环境决定的，所以这个理论可称为“心理社会”阶段理论。每一个阶段都是不可忽视的。他的人格终生发展论，为不同年龄段的教育提供了理论依据和教育内容，任何年龄段的教育失误，都会给一个人的终生发展造成障碍。

儿童青少年服务对象都是 7～12 岁的学生，这一阶段的儿童处于“学龄期”，面对的冲突是勤奋与自卑。在开展社区活动中，项目实施团队会经常邀请服务对象参与游戏、问答、分享等互动，且会多多用积极向上的语言给予鼓励，增强服务对象的自信心，使其勤奋感大于自卑感，从而更好地得到进步与成长。

（四）项目运用的专业方法

本项目主要运用社区工作方法。

社区工作方法是以社区为对象的社会工作介入方法，是通过组织服务对象参与集体行动去界定社区需求，合理解决社区问题，改善生活环境及生活质量。相比小组和个案工作，社区工作可以在活动的过程中，为服务对象建立更好的社区归属感，培养自主、互助、自觉精神，充分发挥其潜能，且受益人群、覆盖面更广，更适合双合家园这种大型的保障房社区。

三、项目实施过程

（一）百姓身边的环保课堂系列活动

百姓身边的环保课堂由“阳台菜园”2 场、“收纳技巧”1 场、“收纳技巧与低碳生活”1 场，共计 4 场活动组成。

1. “阳台菜园”活动2场

活动内容由社会工作者讲解、观看芽苗菜种植视频、讨论种植经验、发放芽苗菜种植宣传彩页和加入观察反馈群五部分内容组成。

邀请了绿色护卫队队员（中老年）、儿童青少年（青少年）及其家庭（青壮年）等不同群体参与，共同种植芽苗菜、麻豌豆、白豌豆等150余盆青菜，收割近300余次，制作“种植回忆录”原创视频1个，推送微信公众号报道1篇。

通过活动的开展，使服务对象懂得如何种植芽苗菜、了解阳台种植相关知识，增加对阳台种菜的兴趣，培养低碳、健康的生活方式，为生活增添一抹“绿色”乐趣。

2. “收纳技巧”活动2场

活动内容由专业收纳师现场讲解居家收纳技巧、收纳经验讨论、废弃物巧变收纳工具讲解、发放收纳盒、发放收纳手册等内容组成。邀请了绿色护卫队队员（中老年）、儿童青少年（青少年）及其家庭（青壮年）等不同群体参与，制作“收纳技巧手册”1本，“收纳技巧教学”原创视频1个，推送微信公众号报道1篇。

通过活动的开展，使服务对象感受收纳与环保的激情碰撞，懂得收纳小技巧、变废为宝小知识，树立环保意识、养成日常收纳的好习惯，为生活增添更多“低碳”乐趣。

（二）亲子环保工作坊

亲子环保工作坊由“手工DIY——亲子共制牌匾”1场、“我的环保妈妈”1场，共计2场活动组成，服务对象为儿童青少年及其家庭。

1. “手工DIY——亲子共制牌匾”活动1场

活动内容结合“社区环保小集市”系列活动，通过邀请各位“小摊主”，灵活运用家中的“废弃物、闲置物、旧物”等材料，与家长共同制作属于自家的“店铺牌匾”。收集到“环保牌匾”照片20张，制作“亲子牌匾DIY——为双合社区环保集市助力”原创视频1个。

通过活动的开展，进一步提升了服务对象的低碳、环保意识，与家人一起感受到了动手动脑、变废为宝的乐趣，增进了亲子关系，为“社区环保小集市”的开展，起到了良好的榜样宣传作用。

2. “我的环保妈妈”活动 1 场

活动内容由“我与妈妈共绘美丽蓝图”和“妈妈的环保妙招”两部分组成，其中“我与妈妈共绘美丽蓝图”旨在为儿童青少年家庭发放“数字油画”，邀请以家庭为单位，共同创作环保主题作品；“妈妈的环保妙招”旨在邀请各位儿童青少年家庭，每人分享一个家庭环保小妙招或环保知识。收集到“油画作品”30 余幅、“环保妙招”30 余条，制作“亲子共绘蓝图”原创视频 1 个。

通过活动的开展，不仅使服务对象相互分享“环保妙招”，提高了彼此的环保知识与技巧，而且通过“共绘蓝图”活动，增进了亲子间的关系，进一步提升了服务对象的环保意识，激发了环保热情。

（三）暑期夏令营

暑期夏令营系列活动由“我是环保小画家”“我是环保小卫士”“我是环保摄影师”“我是环保宣传员”“我是环保小专家”，共计 5 期活动组成，服务对象为儿童青少年及其家庭，每场活动以“提升服务对象环保理念”为核心目标，精心策划，效果突出。

1. “我是环保小画家”

活动由听社会工作者讲、看环保启示视频、思考问题、做环保画、分享讨论等环节构成。为服务对象精心准备了一场有知识学习、视频引导、手工实践、分享总结的体验式活动。制作“环保纽扣画”40 余幅。

通过活动的开展使服务对象懂得了垃圾分类、变废为宝、物品再利用等环保知识，实践体验感受物品循环利用的神奇魅力，深化服务对象的垃圾分类与环保意识。

2. “我是环保小卫士”

活动由项目宣传、环保之星动员、工具使用讲解、“绿色护卫队”带领、捡拾垃圾等环节构成。为服务对象带来了一场难忘的“志愿者牵小手，小手牵大手”社区大扫除活动，参与人数高达 50 余人，捡拾垃圾共计 30 袋。

通过活动的开展，使服务对象感受到“绿色护卫队”队员对“环境维护”的不易与“环境保护”的重要性。进一步深化服务对象的环保意识与环保理念，并通过儿童青少年带动社区内的青壮年群体，一同加入环保队伍。

3. “我是环保摄影师”

活动由“听”“看”“学”“画”“玩”“拍”等环节构成，邀请服务对象参观“垃圾分类教育基地”，并自由拍摄、学习、分享环保知识。收集“环保知识”照片80余张，“环保知识”学习分享30余条，垃圾分类与环保知识掌握率相比活动参与前，提升40%。

寓教于乐，通过活动开展，使服务对象边玩（垃圾分类VR游戏）、边学，提升服务对象的环保理念，学习垃圾分类知识，提升垃圾投放正确率。

4. “我是环保宣传员”

活动运用“零废弃”材料包中的“垃圾何处去”和“这是什么”PPT课件，整场活动由游戏互动、课件讲解、感受“垃圾艺术”、引导分享等环节组成，产生“环保小小宣传员”20位。

通过活动的开展，培养服务对象的环保、低碳意识，鼓励“小小宣传员”在日常学习生活中多多宣传低碳理念，共建美好的低碳、环保、可持续绿色社区。

5. “我是环保小专家”

活动由社会工作者开场、环保作品展示、自身收获分享等环节构成，为服务对象搭建了一个有互动、有分享、有环保妙招、有知识学习的平台。收获各类环保作品10余件，制作“环保作品你我共享”原创视频1个。

通过活动的开展，使服务对象间相互交流、分享各自家庭的环保作品、环保小窍门，进一步加深服务对象的环保、低碳生活理念。

（四）社区环保联席会

社区环保联席会旨在邀请社区居委会、社区环保志愿团队、社区物业、驻区学校等力量共同参与社区环境治理，倡导加强资源、信息的充分共享与利用，推动“绿色”社区建设。会议每两个月开展1场，共计4场。

通过开展社区环保联席会，项目组与驻区学校北京市朝阳区第五中学双合分校形成良好的合作机制，《2021 年青少年社区暑假活动表》的实践基地被确定为项目实施地双合家园社区，社校联合，鼓励儿童青少年参与社区环保建设；双合家园社区 2022 年公益金活动计划主题定位“社区环保”，为进一步实现可持续化社区做好准备工作；为社区社会组织定制了专属的培训方向，加强了资源的充分共享与整合，携手推进“环保、低碳、绿色”社区建设。

（五）社区环保志愿队伍培训

社区环保志愿队伍培训旨在邀请领域相关专家、志愿者等，为双合家园社区内的“社区环保志愿队伍”等开展培训工作，培训工作共计 6 场。

1. “绿色护卫队”4 场

针对“绿色护卫队”环保知识匮乏、文明养犬劝导经验不足、制度遵守差，自我宣传、环保宣传意识欠缺等问题，项目组依次开展了以下活动：

“文明养犬保护环境”培训，使队员们懂得文明养犬与环境保护之间的关系，掌握文明养犬劝导的技巧；

“郎阿姨的日常例会”培训，邀请护卫队队长郎阿姨，将遵守制度提升到培训的高度，强调制度与纪律性；

“这是什么？垃圾艺术体验”培训，队员们的环保知识掌握程度得到提高，队员们的环保宣传意识得到提升；

“环保接力棒实践”培训，护卫队队长的队伍自我宣传意识与能力得到提升。

2. “楼门护卫队”及全体社区志愿者 1 场

通过培训的开展，为社区全体志愿者的楼门环境自治，提供丰富的指导意见与实践建议，使志愿者懂得如何推动楼门文化及环境建设，增强环保意识。

3. “北京建工物业双合家园项目部”1 场

通过培训的开展，使物业工作人员的环保及垃圾分类宣传意识得到提升，并初步规划 2022 年“社区环保”重点工作，与社区、社会组织、社区志愿者、社区辖区单位形成良好的互动合作模式，进一步推进绿色社区建设。

（六）社区环保小集市

社区环保小集市倡导社区居民将家中闲置物品或旧物与邻里进行互换或低价出售，践行绿色、低碳的环保生活理念，同时为社区居民搭建互动交流的友好平台，每月开展一场，共计 4 场。

社区环保小集市不仅成为双合家园社区最受居民欢迎的活动之一，更倡导了环保、绿色、低碳的生活理念，疫情期间，项目组更是尝试了线上小集市“带货”活动，继续促进和谐、低碳、环保的绿色社区可持续建设。制作“社区环保小集市回忆录”原创视频 1 个。

四、项目成效

（一）项目取得的服务成效

包括该项目为服务对象带来的影响和改变，项目对所在社区带来的改变，社会影响方面的变化，经验模式、成果的产出等，既包括量化成效，也包括质性描述。

1. 儿童青少年群体的变化

（1）从“路人”到“粉丝”。

项目初期，参与社区活动的儿童青少年群体并不多，项目执行团队注重每一场活动的效果，每场活动都尽量融合儿童青少年最喜爱的视频播放或游戏互动环节、融合家长最支持的知识学习或成长收获环节、融合社会工作最专业的启发引导与交流分享环节。前来参与活动的儿童青少年群体及其家庭非常满意，随着居民间的口耳相传，“路转粉”越来越多，项目实施团队收获了一批批的“粉丝”，儿童青少年们逐渐爱上了社区活动。

（2）从“被动”到“主动”。

项目开展前，儿童青少年们都是跟随着社区的步伐，被动参与活动。随着项目的稳步推进，儿童青少年群体逐渐爱上了环保活动，经常在群内询问何时再次开展活动，自己想参与某某类型的垃圾分类活动，询问是否可以组织开展，儿童青少年们已经产生了强烈的兴趣与主动性。在新冠疫情期间，儿童青少年们还主动协助项目执行团队，完成“我的环保妈妈”线上活动，收集各个家庭的环保小妙招共计30余条。

2. 社区志愿者的变化

（1）从“无”到“有”。

随着项目的持续推进，“青少年环保实践队”初步成立，这也是双合家园社区的首支“儿童青少年环保志愿者”队伍。队伍由20位热爱社区、热爱环保、积极向上的儿童青少年组成，在“绿色护卫队”的带领下，先后参与了“我是环保小卫士”“社区环保宣传”“垃圾分类嘉年华”“社区环保小集市”“环保接力棒”等活动，成为社区环保的新生力量。

（2）从“抵触”到“热爱”。

项目前期，“绿色护卫队”是持有“抵触心理”的，认为这是在打扰队员们的日常工作，给大家添负担，项目执行团队始终没能组织起来。随着“青少年环保实践队”的成立，各类社区环保活动在社区内频繁开展，在与儿童青少年们携手参与“我是环保小卫士”活动后，队员们感受到了项目执行团队的认真与专业。“社区环保小集市”“阳台菜园”“收纳技巧”，一场场趣味环保活动的开展，受到了队员们的一致肯定，不仅收获了乐趣，自身的环保意识也得到了提升，队员们开始共同期待着活动持续开展。

3. 社区的变化

（1）从“36”到“240”。

项目开展前，双合家园社区儿童青少年群内仅有36个家庭，每次活动的参与者始终围绕着同一批人群。随着项目的稳步推进，项目执行团队不仅收获了“粉丝”，还邀请一些新鲜血液加入微信群。目前，群内已经有240位家庭入驻，热闹非常。每场活动的发布，仅需10分钟即可完成报名，不仅为社区开展活动提供了便利，而且活动的覆盖面也比之前扩大了7倍，得到了社区的一致肯定。

（2）从“失望”到“希望”。

“社区环保集市”活动曾在2020年让双合家园社区尝到过挫败，因为缺乏制度管理，一度直接成为“职业地摊卖货集市”，性质全变，让社区非常失望。随着项目执行团队的介入，规范了集市制度，进行严格的活动管理，并通过“儿童青少年家庭”参与的形式，让“社区环保集市”以公益、低碳、环保的新面貌展现在社区与居民的面前，反响热烈，后期更推出了“线上小集市”活动，让社区看到了“希望”。至今，“社区环保小集市”已经成为双合家园社区的特色活动之一。

（二）项目的创新或独特之处

1. 整合驻区学校资源，形成良好合作基础

在2021年暑期来临之际，项目执行团队通过“社区环保联席会”，整合了驻区学校北京市朝阳区第五中学双合分校资源，邀请学校将“暑期社会实践”地点落在项目实施地双合家园社区，使得暑期前来参与项目活动的儿童青少年激增，扩大了受益人群覆盖面，使更多儿童青少年群体加入环保队伍。

2. 通过项目的开展，为社区公益金活动出招

除了开展项目内的环保活动之外，项目执行团队还为双合家园社区的公益金活动出谋划策，往环保方向靠拢，不仅在2021年策划、执行了“垃圾分类嘉年华”主题活动，而且在与社区书记、居委会主任沟通后，将2022年公益金活动设计方向定为“社区环保”，更好地实现可持续社区目标。

五、反思与建议

从项目的整体设计上来看，大部分为社区工作服务方式，经过为期一年的项目实施，可以结合驻区北京市朝阳区第五中学双合分校、两所朝花幼儿园，为固定班级开展“环保主题系列小组活动”，并且形成对比组，相信效果一定会更好，也能与辖区单位形成良好的、可持续的合作模式。项目执行团队一定要进行尝试。

尽量驻扎、深入一个社区，与居民长时间接触、给予陪伴，这样居民的力量才能真正凝聚起来。项目一定要持久，就算没有项目资金支持，也要努力想办法去争取，不能辜负长时间建立起的居民的期望。项目实施团队与项目实施地社区建立了良好的合作关系，2021年的公益金活动，项目实施团队

就结合公益金为社区策划、开展了“垃圾分类嘉年华”活动。2022 年的公益金活动计划，已经策划了多场环保活动，确保了项目的可持续化发展。

六、项目案例故事

（一）“合美集市你我共享”

“社区环保小集市”系列活动，自项目实施团队第一次开展以来，就受到了社区居民的一致好评，该活动以邀请“儿童青少年群体及家庭”为摊位“经营者”，通过以物换物、低价出售的形式，在项目实施地开启“小摊主的环保带货之旅”。

2020 年，项目实施地曾开展过类似的活动，但由于缺乏经验和管理手段，导致后期的小集市出现了“职业卖货”的不良现象，完全偏离了小集市的初衷。因此，项目实施团队在本系列活动的管理与把控上，制定了严格的规则，确保每位“小摊主”都遵循环保、低碳的公益理念，为居民创造一个真正的“物物交换”平台，物品的出售价格也控制在 1～10 元，杜绝出现“职业卖货”现象。

起初，项目执行团队为每位“小摊主”制作“商铺牌匾”，规范化管理，待小集市稍微成熟后，结合北京协作者的反馈，开展了线上“亲子环保工作坊”活动，邀请“小摊主”与家人运用身边的“废弃物、闲置物、旧物”共制“环保牌匾”，共创“环保店铺名称”。有了项目的基础与居民的支持，第三期环保小集市上，首批“环保牌匾”正式亮相，旧挂历、纸板、硬卡片、玻璃板等，各式各样的“牌匾”摆放在了“小摊主”的摊位前，进一步提升了集市所倡导的“零废弃”环保理念，为社区居民树立了良好的榜样与环保形象。

后期，项目执行团队更是尝试了“线上小集市”活动，邀请各位“小摊主”提交“环保带货”视频，经过剪辑与整合，在社区内进行播放，引领“环保集市新潮流”，第一天就收到了居民提交的 15 条作品，激发了居民的参与热情。

（二）“与自然为友，伴绿色同行”

一说起“阳台菜园”，大家肯定都不陌生。芽苗菜是无土栽培，具有种植方便、生长周期短、绿色无污染、健康环保的特色，使居民在家中仅需要7天的时间，就可享受到自己亲手培育的成果，无论是美化家中的环境，还是为“双碳”目标献出自己的一份力量，抑或与家人共享美食，都是十分不错的选择。

项目执行团队为社区内的儿童青少年群体、青壮年群体、中老年群体分别开展了一场“百姓身边的环保课堂——阳台菜园”主题活动，并进行了长达两个月的观察与记录工作。

不难发现，从种子发芽、生根、长高，直到那一抹家庭中的绿意浮现在你面前，无论是谁都无法抗拒它那绿油油的美，这就是“大自然的呼唤，植物天生的美”，那种从内心深处涌现的环保热情，促使着每一位居民从此刻践行环保事业。

不少家长反馈，孩子看到自己照顾的芽苗菜成熟后，非常兴奋，根本舍不得食用，只愿当作盆栽，静静地观赏。更有家长分享：自己的阳台菜园从起初的一两盆，到现在的五六盆，孩子爱上了种植，爱上了大自然，爱上了环保。

附录

1. 对“公益1+1”资助行动的感受和反馈

（1）对万科公益基金会说：非常感谢你们能对本机构给予资助，你们的资助使本机构成功开展了各类环保活动共计25场，项目直接受益人数达到690余人，直接受益人次达到2750余人次，间接受益人次高达4000余人次。此外，本机构成功地为项目实施地组建了首支“儿童青少年志愿者队伍”。这支队伍先后参与社区环保活动15余场，为社区的环保建设贡献力量。2022年，本机构希望可以继续得到支持与延续，一是回应服务对象的期待；二是继续培养这支处于萌芽期的儿童青少年环保队伍。最后，再次感谢你们选择立德，相信立德，谢谢！

（2）对北京协作者说：非常感谢北京协作者为各机构提供的支持与服务，你们举办的线上、线下会议，本机构全程都参与了，真的非常开心，而且收获满满。虽然2021年我们没有办法一起外出学习、团建，但是希望2022年各位伙伴们都能继续下去，携手共建环保可持续社区！

（3）对“公益1+1”资助模式：这种资助模式没有政府采购的财务约束，让我们可以放心、大胆、自由地设计自己所憧憬的项目，真的很棒！当然，我相信伙伴们一定都会严格遵守财务制度的，假如今年能有所延续，希望资助模式不要变呀，我们和居民还有好多想一起实现的梦，感谢！

2. 项目相关方对项目的评价与反馈

（1）服务对象代表说：我们和苏主任还有好多想开展的活动呢，希望今年项目能延续啊。苏主任的活动我们全程都参与了，真的很不错，孩子学会了很多的环保知识，苏主任还给我们做了好多视频，都很棒。希望苏主任越来越帅，越来越棒，为居民带来更好的活动。

（2）志愿者说：小苏，谢谢你给我们“绿色护卫队”的这些帮助，队员们都想着你的阳台菜园呢，种子不够用了，希望今年能继续跟我们这些老头老太太一起玩，把孩子们（儿童环保队伍）也一起叫上，共同维护咱双合社区。

（3）社会工作者说：康康，谢谢你协助我们做了这么多的工作，也把我们的青少年群建起来了，特别优秀。孩子们现在只跟你亲，都不理我，哈哈哈！希望立德越来越好。对了，咱3月的公益金活动该开始了，可以策划一场环保活动。加油干活儿吧，记得周二交材料哦。

（4）社区代表说：康康特别棒，开展的活动都特专业，别说孩子们了，我都喜欢参与，就是能无形中教会你很多知识，居民的反应都很棒。2021年辛苦你啦，让我们一起向2022年前进吧！

第三编

项目手记

人是一切行动中的核心因素。“绿缘计划”获得支持的每一个项目，得以成功实施，并在可持续社区建设中发挥重要作用，都与参与项目实施的推动者、见证者、行动者紧密相关，他们的直接感受和专业思考，是项目得以顺利开展的有效保障，也是最有价值的专业内容。

第一章

“绿缘计划”助力可持续社区环境建设

北京市石景山区善度社会服务创新发展中心/白牡丹

自2021年承接“绿缘计划”，石景山区善度社会服务创新发展中心（以下简称“善度”）聚焦培养居民自组织并发挥其作用，提升社区垃圾分类参与率和准确率，以此促进可持续社区建设，项目目标是在落地社区建立“绿色社区，和谐邻里”的品牌。至今，项目一期已结束，二期正在进行，收获很大，感触很多，走过弯路，惊喜和失落交织。无论是从项目执行角度，还是从机构成长的角度，“绿缘计划”对善度都意义重大。眼下，二期项目执行过半，项目服务模式逐步在形成，相信未来会更成熟，也希望产生一些积极影响。

社会服务是一项润物细无声的工作，坚守是可贵的，也是最难的，希望简单的总结能为后来者借鉴、共勉。

在党建引领下，让社区社会组织（自组织）发挥先锋作用，关键还是调动起居民骨干的主观能动性。善度作为支持促进类的社会组织，曾经在街道平台培育过几十个社区社会组织，如何在以文体娱乐为重点的社区社会组织里建立起一支以解决社区问题为导向的团队？这方面善度有很多成功经验。作为一线机构，我们认为找到与社区、居民相契合的议题，培育居民力量参与其中，最为关键。

在纷繁复杂的社区环境下，如何找到“合适的议题”一直困扰项目设计者，问题找浅了被说成浮于表面；问题找深了，牵涉的利益相关方太多，有些资源调动困难，入手难度大。

2020年北京颁布新版垃圾分类管理条例后，社区非常重视垃圾分类工作，也想做出亮点；物业作为责任主体自然愿意响应号召；每家每户都要扔垃圾，

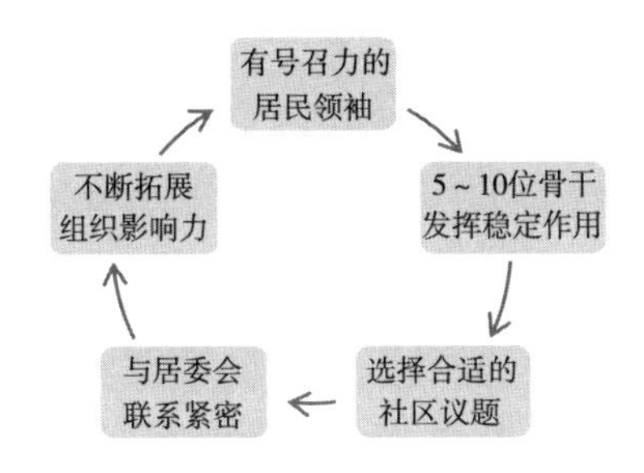

图3-1　找准问题，设计行动路径

居民有参与的基础，垃圾分出率和准确率是最先被关注的核心问题。

走访不同社区跟社区书记主任闲聊时，如果问“您社区最大的问题是什么”，他们不止一次半开玩笑地说“希望提高居民素质”。如何提高居民素质，我们目前没有具体方案，但可以从一些文明习惯着手——自觉在家分出厨余垃圾，桶前破袋投放，将垃圾变废为宝等。国家也在提倡低碳环保，并提出了战略目标，而每个个体的行动能够跟国家战略息息相关，居民一旦意识到这一点，积极性就能调动起来。

在“绿缘计划”二期，社区有氧堆肥试点工作开始实施，这也意味着我们“扎根”社区更深了一步。从最早的线上讲座开始，到动员居民桶前值守，到线下活动制作酵素、波卡西堆肥，再到社区有氧堆肥，用堆肥的土壤去种花（草），我们希望把这个循环系统建立起来。善度的愿景是“推动建立良性的社会服务生态系统”，只有系统能够循环起来，项目才有活力，才能吸引更多的人参与和关注。项目从垃圾分类宣传到有机厨余垃圾在地化利用、低价可回收物的处理，真正落地操作起来，并看到效果，才能激励居民行动起来。

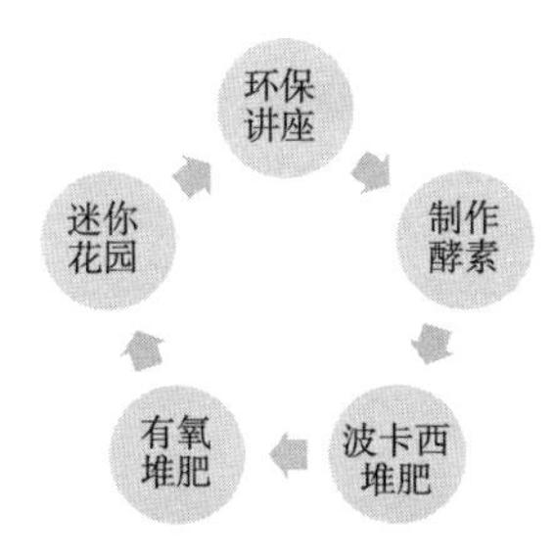

图3-2　建立循环系统，扎根社区

在此过程中，支持我愿意坚持下来的还是个体带给我的感动。阿姨们风雨无阻地支持这项工作——平时活动一结束，她们总想拉我们到家里吃顿饭；超市大哥帮忙搬厚重的木板，贴心地把板子上的钉子敲进去；社区伙伴骑着电动三轮忙前忙后；看到一瓶一瓶的酵素，一桶一桶的波卡西堆肥，大家很欢乐地做这些事情时，我感到自己做的事情有点用。社区好多主体在为一件事情努力，而这件事情因你而起，你自然也会特别期待它能开出美好的花朵。祝福社区，也是祝福自己。

在组织培育的过程中有几点心得。首先，党建引领，号召力强。应该充分发挥基层党组织的力量，尤其是支部书记一般都是社区的核心志愿者，如果他认可你的理念，一个社区自组织基本上能建立起来。其次，用喜闻乐见的活动，调动居民参与的积极性。简单来讲，就是持续地做活动，线上线下结合，请进来、走出去，大型活动、小型活动，活动是凝聚人气的最佳途径。最后，自组织培育是激活社区内生力量的必经之路。其价值在于群众基础强，这也意味着一定要扩大组织的影响力，让更多的人参与进来，要有共同的行动，才能真正发挥自组织的作用，也即跟基层治理要挂钩。

对善度来说，让议题与机构使命和定位结合，从垃圾分类这样的社区环保活动入手培育社区社会组织是非常有效的，因为一部分居民非常愿意参与，也愿意发挥自身价值。从机构层面，通过执行项目对基层治理创新形成认知和推广是我们的目标。我们总结出一套思路叫“双螺旋工作法”，其中，既有善度对基层治理的认知，也有我们做每件事背后的行动逻辑：

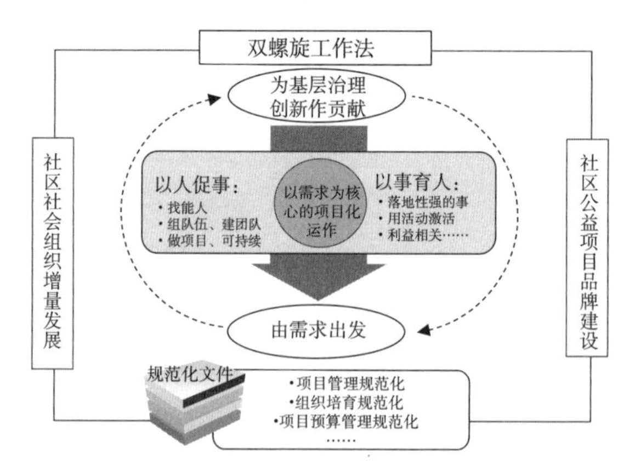

图3－3 “双螺旋工作法”思路图

“绿缘计划”项目给了我们近两年的实操时间，社区自组织“驿家绿苑社”因此有了发挥作用的可能性，善度也有机会联合更多主体开展可持续社区建设工作，尤其是连续的支持对善度的意义非常重大，让我们得以专注在一个社区、一个领域进行深耕。

在北京协作者和万科公益基金会的平台上，跟这么多志同道合的伙伴一起前行，包括指导老师，例如阿牛公益唐莹莹老师的经验分享和指导，给了我们特别大的力量，不仅是技术上的帮助和借鉴，更让我们知道公益机构应该抱团取暖，应该有更多的联合行动。期待更多的联合行动！

第二章
“环保家”社区社会组织培育，多元力量促进社区参与

北京市大兴区众合社会工作事务所/李欢欢、何娇

城市化生活进程的加快和居民生活水平的不断提升，造成城市生活垃圾激增。为了做好垃圾分类工作，从源头上实现垃圾分类和减量，“环保家”社区社会组织培育项目在“公益1+1”项目支持下在大兴区观音寺街道落地。

项目以“环保家”社区社会组织为载体，整合了街道、社区社会组织联合会、社区居委会、社区物业、环保公司等各方力量，共同推进和开展垃圾分类工作。项目一期着重挖掘社区骨干带头人，培育发展社区社会组织。项目二期支持“环保家”组织自治和自主发展，在社区探索推行垃圾分类“分时投放”模式，尝试垃圾分类的新做法。

一、挖掘骨干力量，培育社区志愿者队伍

通过社区宣传、走访、调研等形式，社会工作者在社区挖掘出了一批居民带头人。项目一期在观音寺街道首座御园二里和盛春坊社区共培育了2支“环保家”垃圾分类居民志愿者队伍；将观北社区、新居里社区、金华里社区、开发区社区4个社区原有的垃圾分类志愿者队伍纳入“绿缘计划”服务当中，通过系列培训和赋能活动，提升志愿者队伍在垃圾分类工作中的服务能力，促进社区垃圾分类工作的开展。

项目二期在实施过程中，“环保家”志愿者队伍不断发展壮大，首座御园二里社区的“环保家”队伍人数已经由原有的17人增加到28人。志愿者张阿姨在一次志愿服务活动中对社会工作者说：“我为什么说话很慢，而且写不了字呢？是因为我做过甲状腺手术。我以前很喜欢做手工，经常参加社区组

织的手工制作活动，但是手术之后就没办法参加了。现在能参加垃圾分类桶前值守活动，我挺高兴，因为又能做一些力所能及的事情了……”每次组织的垃圾分类活动，只要不去医院，张阿姨都会参与。像张阿姨这样的志愿者还有很多，她们耐心劝导分类不彻底的居民做好分类工作，用自己的责任心和热情感染着接触过的每一个居民，也让更多的居民加入志愿者队伍。

二、组织培训赋能，提升服务能力

通过垃圾分类技巧、志愿者礼仪、垃圾分类宣传技巧等方面的技能培训，提升了志愿者开展垃圾分类工作的技能，帮助“环保家”组织逐步成长。在社会工作者的引导下，“环保家”志愿者邀请社区居民开展了废旧吸管编织、制作环保酵素、制作易拉罐画等 5 次旧物改造活动。在宣传垃圾分类知识的同时，提高居民的环保意识和资源回收再利用能力。

居民资源回收再利用的能力提高了，可回收垃圾有了去处，那占比很大的不可回收的厨余垃圾该怎么办呢？带着这个疑惑我认识了“青岛你我”项目，发现很多行业伙伴已经在如火如荼地进行厨余垃圾堆肥活动，甚至已经形成了“兴寿模式”这样的成熟模式，而我们还停留在培育社区垃圾分类志愿者队伍、做垃圾分类工作上，这是不是动作太慢了？随着项目的推进和对堆肥知识的了解，我认识到做好厨余垃圾堆肥工作的基础，是做好厨余垃圾的精准分类。各项目落地社区的情况不一样、项目开展时间不同，对垃圾分类和减量的需求也不同，针对我们项目落地社区和项目实施的情况，做好基础的垃圾分类工作依然是首要的工作。

“如何挖掘志愿者领袖，激发志愿者队伍的内驱力？”这个问题是小组的共性问题，也是我们项目面对的难题。在“绿缘计划”二期赋能工作坊“世界咖啡馆”团队共创环节，我们一起寻找答案。根据工作坊伙伴们的建议，我们在社区举办了志愿者茶话会。通过跟志愿者“一对一”的对话，深入了解志愿者的内在需求，不仅在服务技能上，更在情绪上为他们提供支持。

通过持续为“环保家”社区社会组织赋能，增强了志愿者的服务信心和组织的凝聚力，促进了组织的可持续发展。

三、多元主体参与共建共治共享

观音寺街道试点“环保家”社区社会组织培育项目的顺利开展，得益于多元主体参与的联动模式。在街道社区社会组织联合会的支持下，项目在协调各社区参与、专业培训等方面都得到了支持，同时“环保家”社区社会组织也成为在地品牌社区社会组织。居委会积极协调物业公司参与和配合，例如共同开展垃圾分类“随手拍”线上监管活动，不仅积极回应了居民的需求，还改进了物业在居民心中的形象。此外，观音寺街道在街道整体层面积极宣传，扩大了项目的影响力。新科环保公司垃圾分拣员参与宣传垃圾分类“分时投放”，为项目提供了协助和支持。

通过在社区培育社区社会组织，一方面以少数带动多数，让更多居民参与社区垃圾分类工作，增强社区居民的社会责任感，提高社区参与意识；另一方面在做好垃圾减量工作的同时，提升社区垃圾分类工作践行者、推动者的专业水平和解决社区问题的能力。

观音寺街道的6支“环保家”队伍持续服务社区的垃圾分类工作，社区居民在200多名志愿者的带领和宣传下，积极参与垃圾分类工作。经统计，首座御园二里社区居民垃圾分类正确率已经达到57%，另外30%的居民也能积极参与垃圾分类，并在志愿者的引导下逐步提升分类正确率。

自从“绿缘计划”项目开展以来，我们的社区垃圾分类工作取得了一定的成效，但是也存在不足。像首座御园二里社区依然有10%左右的居民完全不参与垃圾分类。在项目后续执行过程中，针对垃圾分类宣传工作的薄弱环节，我们将采用多样化的宣传方式，让居民可以亲自参与、亲身体验垃圾分类活动，进一步提高大家的环保意识、公共意识和责任意识。

第三章
携手“绿缘计划”创造更好的彼此和未来

北京市海淀区北城心悦社会工作事务所/康产杰、刘姝

2021 年，有幸遇见“绿缘计划”，在项目启动前的赋能工作坊中，“躬身入局”4 个字深深地触动了我，因为这是我自己一直坚持的信念：只有脚踏实地身体力行，才能促进项目扎根并使成效可持续，才能真正实现“用生命影响生命”。

不同于以往项目资助方关注项目指标数，“绿缘计划”更注重项目设计的逻辑性和可持续性，给申报组织充分的信任和发挥空间。在选择以楼门为试点时，我们是有些许忐忑的，但得到唐莹莹老师的肯定后，我们坚定了扎根楼门试点的信心和决心。经过项目申报、答辩、遴选等多个环节，北城心悦的“绿色楼门悦享生态”社区垃圾分类沉浸计划顺利获得万科公益基金会的资助和北京协作者的支持，从项目设计到专业赋能，从过程监测再到总结评估，北城心悦收获的不仅是项目成果，更多的是生态建设与团队成长。

由于社区连续三次遭受新冠疫情波及，导致项目无法如期推进，但幸运的是，在与北京协作者同行中，我们得到了极大的包容、支持和陪伴。北京协作者给予了项目足够的时间，让我们能够更加潜心于项目本身，而不是苦恼于项目周期。在项目执行过程中，我们发现，无论项目设计时思考得多么严谨，因各相关方实际情况不同，有时仍需要对项目目标的实现途径进行调整。当我们与北京协作者讨论是否可进行调整时，北京协作者会很肯定地告诉我们“两个不限”原则，让我们充分地感受到什么叫将最大的专业自主性和资金灵活性给予在一线开展服务的社会服务机构。这让我们能够更加聚焦专业服务，而不仅是项目指标的实现。

虽然一波三折，但有了资助方的充分授权、北京协作者的足够支持、项目团队的全力以赴以及相关方的配合，北城心悦在“绿缘计划”一期中取得了一定的成绩。

“绿缘计划”一期项目以“绿色楼门悦享生态”社区垃圾分类沉浸计划为主题，在海淀区学院路街道健翔园社区，以党建引领为核心，依托社区轮席值日和楼门议事，与社区工作者、居民志愿者多方联动，以推动居民家庭参与为切入点，面向全社区进行调研，选定试点楼门，培育垃圾分类志愿者队伍，开展值日巡查、习惯养成、分类督导活动，提升居民参与率和垃圾分类的准确率。

经过近8个月的耕耘，项目探索出“行动促参与，参与带行动”双轴多螺旋行动模式，通过线上与线下相结合，培育参与楼门宣讲及巡查的垃圾分类志愿者队伍1支，开展调研活动2场、垃圾分类4个系列的活动20余次，宣传倡导活动3场，以试点楼门为重点，宣传倡导扩展至整个社区居民，服务成效推广至其他街道社区，受益人群拓展至参加活动的居民、社区服务单位的员工、学生等，直接受益8940余人次，间接受益2万余人次。项目活动得到居民的一致好评，活动满意度均在95%以上。

项目不仅面向服务对象开展前测与后测，在服务中还进行过程监测。评估数据显示，在垃圾分类重要性的认识方面，22%的居民得到了极大的提升；每次都会进行垃圾分类的居民增加了10.61%；垃圾分类水平测试的参与率与首次测试对比，增长超过250%，居民的分类知识准确率提升了38.44%；分类习惯线上打卡参与人次，增加1500人次；社区工作人员和垃圾分类守桶志愿者通过观察发现，目前垃圾分类参与率达到90%以上，社区垃圾分类积极性和准确性都有所提高，垃圾桶满冒、居民错投率明显降低。

在项目团队和社区的协作引导下，垃圾分类志愿者充分发挥先锋模范作用，积极参与垃圾分类工作，知识、技能、凝聚力、自信心、主动性等多方面都有明显的变化或提升，能够主动垃圾分类，以主人翁的身份监督社区其他居民参与垃圾分类，实现“要我分”到“我要分”的转变；在楼门议事、志愿者访谈、垃圾分类成绩单表彰等活动中，垃圾分类志愿者多次表示，一直以来的付出终于被看见、被肯定，这极大提升了他们的自信心和自豪感，更加坚定了他们参与社区服务的信心与决心，志愿者与社区的关系更加深厚，归属感、自我价值感均有所提升。志愿者王阿姨拉着我们的手说："真的很感谢，志愿服务中真的也有很多辛酸和不易。这些辛酸和不易终于被看到了，我们会继续坚持的！"在议事会中，志愿者也从被动发言到主动积极发言，开始敢于发声，为社区发展建言献策。志愿者的每一丝改变，都是对项目团队的无限激励。

通过项目的执行与复盘、项目资助方与公益导师的指导，北城心悦团队整体的组织策划能力、沟通协调能力、临场应变能力、创意策划等基础能力都得到了一定的提升。与此同时，也密切了与项目相关方的关系，得到合作单位、社区居民的肯定。项目落地社区的党总支、社区居委会工作人员从最初的被动支持向主动支持转变，为未来合作提供了更多的可能。

"绿缘计划"一期的服务成效得到万科公益基金会与北京协作者的肯定。基于项目初心，也为巩固和扩大服务效果，进一步推动可持续生态社区建设，北城心悦团队设计和推进"绿缘计划"二期项目"绿色护卫悦享生态"社区垃圾分类沉浸计划，围绕社区垃圾分类，在原有志愿者的基础上，招募吸纳社区力量组建垃圾分类志愿者队伍，通过赋能工作坊、议事会、绿色实践循环系统等活动，提升志愿队伍的服务能力；结合开展绿色护卫行动，促进志愿者从"愿意参与"到"主动服务"的转变，进一步提高社区垃圾分类的参与率和准确率，探索社区志愿者参与社区环境治理的长效性和可持续性。

如今项目正在有序推进中，万科公益基金会和北京协作者也一如既往地给予充分支持和赋能。感恩能够携手"绿缘计划"——从公益导师们的耐心指导，到北京协作者的贴心陪伴，都让我们受益匪浅。北城心悦也更加坚定，将继续秉承初心，在建设可持续生态社区与共创公益新生态的路上潜心耕耘。我们相信，遇见"绿缘计划"，一定能够创造更好的彼此和未来！

第四章
“碳”寻发展新途径

北京市通州区众心联社会工作事务所/李和谦、翟永康

进入新时代，“打造共建共治共享的社会治理格局”“建设人人有责、人人尽责、人人享有的社会治理共同体”，既是新时代中国社会治理格局的建设方向，也是社会工作主动融入和服务于基层社会治理大局，与社区、社区社会组织、社区志愿者、社区公益慈善资源等要素整合联动，参与新时期社会治理的功能定位。

“绿缘计划”项目以“打造共建共治共享的社会治理格局”为指引，探索新时期社会组织释放新活力的路径，为社会组织在社区社会治理中健康成长和担当使命营造了良好的环境。

“双碳”目标下，可持续社区环境建设作为从社区层面推动居民改变生活方式、助力改善社区环境的行动策略，对推动构建生态文明具有重要的意义。垃圾分类是可持续社区环境建设的重要组成部分。北京市协作者与万科公益基金会发起了“绿缘计划”，以支持社会服务机构开展垃圾分类、环境教育、社区营造等多方面的社区环保工作，促进社会组织深入参与首都垃圾分类工作，推动可持续社区建设。

北京市通州区众心联社会工作事务所（以下简称“众心联”）有幸通过评鉴获得项目资助并开展实务工作。众心联作为一家服务于民生诉求的社会工作机构，资金主要来自政府购买服务，对政府资金依赖特别大，自身发展受限于政府支持力度的大小，近两年受新冠疫情影响，机构组织动力和活力严重不足。如何在新时代中国社会治理格局建设中发挥积极作用，践行组织使命和宗旨，适应社会的发展，与时代同步，引人深思。

得益于“绿缘计划”的支持，在昌平区兴寿镇——北京农村垃圾分类“兴寿模式”的发源地，我们找到了与时代同步发展的契合点和切入点。为众心联在社区社会治理中健康成长和担当使命打下良好的基础。在项目聚焦志愿者队伍培育和社区内生力量挖掘的核心策略研讨中，我们惊喜地发现和认识到自身的优势：众心联在服务特殊群体的过程中，已经沉浸并且扎根社区，在借助社区志愿者推动助人实务工作中，成为社区建设的参与力量。但同时，众心联也显现出社会化专业化水平不高、自我造血能力不足、参与社会治理的范围有限的发展短板。

“绿缘计划”让众心联认识到可持续社区环境建设作为从社区层面推动居民改变生活方式、助力改善社区环境的行动策略，对推动构建生态文明具有积极的意义。

遵循“人在情境中”理论，人不是完全独立存在的个体，研究一个人，必须将其放到他所处的环境中进行，即他的家庭、社区、相关场所等。人会受环境的影响，因此要用系统的方法去分析情境中人的行动。因此，“双碳”目标下，“建设人人有责、人人尽责、人人享有的社会治理共同体”意识是众心联“碳”寻发展的新途径。

从原来服务模式只关注“人的问题和人的改变”，到现在注重社区治理和社区参与，服务思路的转变，对服务设计也提出了新的需求。以现行项目为例，项目设计聚焦“首开畅心园社区”志愿者队伍参与绿色社区建设意识与能力不足的问题，以融合残障者、健全人和绿色社区建设的需求为导向，达到激发残障者在绿色社区建设的参与性、自发性、主动性和乐观态度的目的，助力低碳生活，继而推动了社区居民与残障者交流互动，共创绿色社区文化。通过平台推动志愿者和社区社会组织的培育，携手特殊群体共同推动绿色社区文化建设，助力“人人有责、人人尽责、人人享有的社会治理共同体”建设。在这一过程中，社区特殊群体既是被教育者也是参与者，还是教育者，与社区发展和社区绿色文化建设深度契合。

绿色社区建设，硬件很好做，但软件——绿色社区文化的建设是难题。项目申报之初，我们积极与社区主任、物管经理、各志愿者服务队等利益相关方沟通，达成共识——党建引领深入社区营造。打造“135 社区”，即 1 个中心：建设人人有责、人人尽责、人人享有的社会治理共同体意识；3个落脚点：物业、居委会、业主；5个实施载体："五社联动"。

因此，印象深刻的事是：我们从"绿缘计划"工作坊学习了工作方法，大声地表达，全力以赴做事，我们在畅心园社区举办了一次"创绿色社区有我有你——首开畅心园社区绿色文化建设项目"启动仪式。相关地区领导、社区干部、物业经理等都出席了活动。很好地显现了"135社区"治理中"五社联动"的大好局面。

为了更好地培育和孵化社区社会组织，我们引入了"微创投"，通过小额资助帮助社区志愿者在社区绿色文化建设中挖掘身边难题，开展绿色公益行动。在对社区社会组织的引导中进一步强化项目意识，提高社区社会组织分析需求、设计项目活动、运作活动的水平，推进社区社会组织品牌建设，引导社区社会组织完善发展规划、加强项目宣传，提高品牌辨识度和社会知名度。"绿缘计划"也是一次有效激发社区活力，避免自组织培育停滞不前的具体实践。我们通过与居民协商，实现了建设小区绿色生态教育基地，组织居民自己开荒，种植花草和堆肥。

社会组织作为构建现代社会治理的专业力量，在可持续社区环境建设工作中发挥着重要的作用。绿色社区文化建设，既与居民生活质量息息相关，又与社会治理的精细化相关。因此，社会组织参与绿色社区文化建设，不仅有助于改善及提升居民的生活方式，更是社会治理方式的转变。"绿缘计划"为新时期社会组织释放新活力提供了方向和路径。

"绿缘计划"推动可持续社区建设的赋能模式，为社会组织在社区社会治理中健康成长，营造了良好的引领氛围和社区环境，意义重大。

第四编

专家视线

“绿缘计划”得到来自学界专家、政府代表、社会组织等各界的关注与认同，充分说明这一可持续社区建设行动的重要性。各界专家从各自角度阐述他们对社会组织参与垃圾分类等可持续社区环境建设的价值的理解。

第一章
“五社联动”的行动逻辑和深化提升

北京市委社会工委市民政局基层政权和社区建设处/魏朝阳

2022年5月21日，北京市委、市政府印发了《关于加强基层治理体系和治理能力现代化建设的实施意见》，这是北京市对基层治理作出的一个长远规划，该意见提出，健全“五社联动”机制，完善社会力量参与基层治理的政策，建立社区与社会组织、社会工作者、社区志愿者、社会慈善资源的联动机制。这就是“五社联动”的主要内容。推进“五社联动”关键是要弄清楚以下4个问题：

第一个问题，谁来联动。也就是联动的主体是谁，谁是核心要素？从基本概念上来看，“五社联动”是以社区为平台，以社会组织为载体，以社会工作者为专业人才支撑，以社会慈善资源为资源补充，以志愿者为重要支持力量，共同推动社区发展，改善社区环境，解决社区问题，促进社区和谐。“五社联动”的主体，一是社区，社区是社会治理的最小单元，是“五社联动”的实践场域，社区里的联动主体主要包括社区党组织、社区居委会和社区服务站；二是社会组织，社会组织是“五社联动”的载体和核心枢纽，社会组织包含社会工作机构和其他的社区社会组织，当然，慈善组织也是社会组织的一种类型；三是社会工作者，专业社会工作者是“五社联动”的人才支撑，专业社会工作者主要分布在社区、社会组织和社会工作机构之中，社区组织中有大量的专业社会工作者，社会组织（包含社会工作机构）也是社会工作人才就业的主要岗位；四是社会慈善资源，社会慈善资源是“五社联动”的资源支持，慈善资源主要在慈善组织中，但也在其他捐赠方之中；五是志愿者，志愿者是“五社联动”的重要力量，志愿者来源于社区居民、社区单位和志愿者组织。这5个主体是“五社联动”的核心要素，也是“五社联动”中的核心主体。

第二个问题，为什么能够联动。我们先分析一下“五社联动”中的5个主体。其一是社区，它具有合法性、正规性，是根据宪法和村（居）民委员会组织法设立的，同时社区有治理的空间，有治理的问题，有治理的各种需求，这是它的一个特点。社区治理需要多方来参与，“五社联动”恰恰是多方参与的一个非常好的机制，这是社区治理的特点、优势和需求。其二是社会组织，社会组织具有专业性、其运作机制灵活，社会组织要参与社区治理，要在社会治理中发挥作用，需要一个实践的平台，社区便是一个非常好的实践平台。其三是社会慈善资源，社会慈善资源具有合法性、正规性。社会慈善资源需要找项目，进行资助，让慈善资源发挥最佳的社会效应。“五社联动”恰恰使社会慈善资源能够发挥最佳的社会效应。其四是志愿者，志愿者具有志愿性、社会性、群众性，具有奉献精神，他愿意把时间和精力投到改善社区公共问题的实践中。志愿者参与活动需要组织起来，也需要提升专业能力，而社会组织能够培育志愿者队伍，提升志愿者的专业服务能力，并且能把志愿者很好地组织起来开展服务，这也是志愿者在“五社联动”中受益的地方。其五是社会工作人员，社会工作人员具有社会工作的专业知识和技能，社会工作人员运用专业知识和技能解决社区问题，改善社区治理，他需要社区的平台。同时，社会组织吸纳社会工作人员就业，为社会工作人才就业创业搭建平台。通过对以上5个主体，也就是5个核心要素的分析，可以看出，“五社联动”的各个主体之间具有天然的合作需求和优势，“五社联动”能够发挥各个参与主体的优势，满足各自的发展需求，产生良好的协同效果，形成良性互动的社会治理生态，这是它之所以能够联动起来的一个内在的逻辑，就是说它们之间具有天然的能够联动起来的优势和需求。

第三个问题，为什么需要联动。换言之，联动和不联动的差别在哪里？一方面，在“五社”不联动的状态下，如图4-1所示，把社区、社会工作者、社会组织、志愿者和慈善资源这5个要素连接起来，有几个方面的问题：一是关系比较复杂，联动效率不高；二是社区要同时面对多个主体，应接不暇，在已有的社区工作负担下，社区很难有余力去联动；三是社会组织的作用不突出，社会组织与其他组织一样，它的平台和载体的作用没有发挥出来，导致在这种状态下整体效果不佳。另一方面，在“五社联动”的状态下，如图4-2所示，以社会组织为主导，社会工作者在社会组织里，志愿者在志愿者组织中间，慈善资源为社会组织提供资源支持；以社会组织为纽带，把其他三方的资源链接了起来，由社会组织条理清晰地和社区进行对接。在联动状态，我们可以看到，一是关系简化了，使社区对接起来更方便，社区直接和社会组织来对接；二是社会组织的整合、纽带和枢纽作用比较突出；三是各主体之间形成了良性互动。

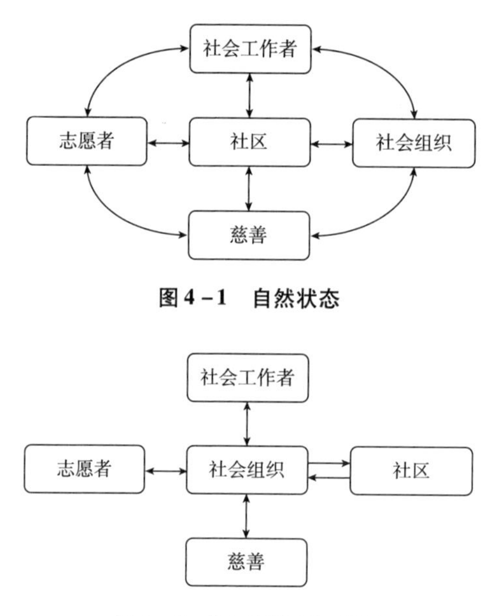

图4-1 自然状态

图4-2 “五社联动”状态

从“绿缘计划”的实践也可以看出，“五社联动”机制发挥了很好的作用。万科公益基金会调动社会慈善资源，出资165万元，资助了21个公益项目，21家承接项目的社会服务机构调动了社区和志愿者力量，服务47个小区，开展垃圾分类等可持续社区环境建设工作，在这个过程中，社会组织还得到95次的专业辅导支持。可以说，“绿缘计划”很好地提升了社会服务机构项目管理与实施能力、增强了社区环保工作的实践能力，因此，项目获得媒体报道78次，项目模式被引进到深圳等地，得到进一步的推广。在这个案例中，我认为有以下6个方面的成效：①培养了在地社区居民志愿者队伍，通过培育志愿者队伍，把居民动员起来，组织起来了，把服务对象转化为参与在地化服务的力量，这是很重要的一个成果；②通过慈善资源的进入，资助并辅导21家社会组织，对社会组织的发展起到助推作用，有助于社会组织的能力建设和专业提升；③构建了一个良好的公益生态，有资助主体，有具体实施的主体，还动员了居民志愿者参与。在“五社联动”状态下，资助方专门做好资助，执行方把专业能力进一步提升，形成了一个良好的公益生态，这是很好的一个局面；④助力社区减负增能，社会组织到社区开展活动，做工作，一定要能够推动社区更好地减负增效开展工作，在这样的情况下，社区才有积极性，才好对接；⑤推动形成了“五社联动”多元参与的基层治理新格局，这也是基层治理想要看到的一个局面；⑥改善了社区的环境，直接推动了绿色社区的建设，同时呢，该项目也产生了很好的示范和传播效应。

第四个问题，如何更好地提升联动效果。“五社联动”的深化和提升关键是社区和社会组织都找到自己的合理定位。社区和社会组织这两大主体联动链接是很重要的。社区是平台、是治理的实践空间；社会组织是载体，要发挥载体的作用。好的关系都是相互滋养的，不管是强强联合，还是优势互补，如果要实现可持续的发展，一定是互利共赢，相互成就。“五社联动”也要通过这种良性互动关系来提质增效。一方面，对社区而言，包括社区的党组织、居委会和服务站等机构，重点是要发挥好治理平台的作用，一要认识社会组织的独特价值。社区的治理离不开社会组织参与，要把社会组织引进来，要发挥社会组织的独特价值。二要主动联系社会组织，“招社引资”。“招社”就是把社会组织引进来，“引资”就是把资金、物资、人才、项目、专业技术等资源引进来，这些资源进入社区后，就会引起社区治理从量变到质变。三要大力培育发展社区社会组织，尤其是具有公益性、福利性、互助性的公益组织。四要畅通外部社会组织的参与渠道，为外部社会组织进入社区参与治理排除障碍。五要为社区组织参与社区治理提供必要的支持，包括人员、场地、治理平台等，社区资源要向社会组织敞开。六要发挥社会组织的专业性，尤其是在“五社联动”的背景下，发挥社会工作人才的支撑作用，社区要瞄准社会组织的专业性，发挥其所长，使之能有效参与社区治理。

另一方面，对社会组织而言，包括社会工作机构、志愿者组织等，一要吸纳优秀的社会工作人才，提升专业水平，只有专业水平提高了，人才进入社区内才能有效发挥作用。二要主动联系、对接社区，建立协作伙伴关系。目前，许多社会组织把活动开展在驻地之外，甚至在所驻社区完全没有存在感，这是不对的。社会组织应该到所在的社区进行报到，要服务所在的社区，建立身边的“公益样板间”，与所在的社区建立良好的协作伙伴关系。三要和社区一起挖掘居民的需求，并以需求为导向设计公益项目，包括垃圾分类、物业管理、疫情防控、社区停车管理、老旧社区自管等居民有迫切需求的“关键小事”。四要运用专业所长，帮助社区探索问题的解决路径，用专业化的手法帮助社区解决问题。五要围绕解决问题去争取资源，只有好的解决方案、好的项目才能够争取到慈善资源的支持。就像“公益1+1”项目，第一期成果比较好，然后才会有“公益1+1”的二期项目，万科公益基金会甚至更多慈善组织才愿意继续资助，这是一个良性的循环。六要培育志愿者和志愿者队伍，这是社会组织进入社区之后的一个重要使命，社会组织要在社区播下“治理的种子”，这些种子就是志愿者和志愿者队伍的培育，通过在一个社区开展一个项目，留下一支队伍，留下一批志愿者，留下一支永不撤出的居民队伍。组织居民，一起行动，参与治理，发挥社区治理的主体作用，最终形成人人参与、人人有责、人人共享的社区治理新格局。

在这个过程中，社会组织的作用尤为关键。具体而言，社会组织一是要当好组织者，为居民、社会工作者和志愿者搭建参与社区治理的平台；二是要当好资源和价值的整合者，为有资源的组织（包括慈善组织）推荐有价值、有效益、可持续的治理项目；三是当好助推者，帮助社区链接社会慈善资源，动员居民参与，助推社区组织减负增效。

第二章
多元共治社会协同，推动可持续垃圾分类

清华大学/刘建国

在推动垃圾分类工作中必不可少的角色就是社会组织。区分可持续还是不可持续的垃圾分类的必要条件，是要看有没有社会组织积极充分参与，如果有的话，那么垃圾分类工作就具备了可持续的基因；如果没有社会组织广泛积极地参与，还是完全由政府主导的话，其生命力就不会特别持久。

一方面，垃圾分类是习近平总书记非常重视的一项工作，是他亲自部署、着力推动的“关键小事”，从历次他对垃圾分类的指示、批示、讲话以及中央文件中可以看出，有这样几个关键的时间节点，对垃圾分类的认识在不断深化。2016 年 12 月，刚提出垃圾分类时，当时的说法还是普遍推行垃圾分类制度，其关系 13 亿人民生活环境的改善，关系垃圾能不能减量化、资源化、无害化处理，即还是着眼于垃圾处理方面来谈垃圾分类的重要性。2018 年 11 月，说到垃圾分类工作就是新时尚，很显然已经不是局限于垃圾处理本身。再到 2019 年 6 月，强调推行垃圾分类关键是要加强科学管理，形成长效机制，推动习惯养成，是社会文明水平的一个重要体现，这就上升到社会文明的程度。到 2020 年 9 月，中央全面深化改革委员会审议通过《进一步推动生活垃圾分类工作的指导意见》，很明确地提出垃圾分类对推动生态文明建设、提升社会文明程度、创新基层社会治理都有着重要意义，则把垃圾分类的落脚点放在了基层社会治理上面。也就是说，垃圾分类的内涵已经从垃圾的处理到新时尚，到社会文明，再到基层社会治理了，其社会治理的属性在这个过程中日益凸显出来，不断地得到强化。这为社会组织提供了一个很有利的机会。如果只是垃圾的处理工作，社会组织在其中可以做的非常有限，但是

到基层社会治理当中，社会组织就大有可为。

另一方面，从垃圾处理本身来看，社会组织的参与也非常有必要，而且很有紧迫性。多年来，国家在垃圾处理方面的工作已经取得了巨大成就，实际上，国家从20世纪80年代开始就规范了垃圾的收集，90年代有了规范的处理，即无害化处理开始起步，到本世纪以来迅速发展，2019年，我国生活垃圾无害化处理城市已经达到99.2%。整个垃圾处理技术的格局也呈现出了现代化、多元化的趋势，2019年底，我国生活垃圾焚烧的占比已经接近50%；2020年底已经超过了50%。这表明，我国垃圾处理目前已经是焚烧发电与卫生填埋并举、生化处理作为辅助的格局。在发展中国家中，我国目前的垃圾处理方式是一枝独秀，具有碾压性的优势。但是在这种情况下，在社会层面上，居民的获得感并不强烈，这是和取得的成就所不匹配的。

以北京市为例，其垃圾处理在国内是处于领先的，但即使在这种情况下，也看到居民的认可度、获得感并不强烈。这种情况下，关注垃圾分类是一种必然的趋势，但必须重点关注几个方面：首先，垃圾管理的理念要升级，过去的模式已经取得了巨大成就，这个成就实际上是在政府大包大揽的管理下，以市场化为主要手段，以无害化为主要目标的模式，这个模式在新的形势下要有新的突破，就需要新的理念引领形成新的模式。过去完全由政府唱独角戏的模式已经行不通了，在这种情况下，必须是政府、居民、企业、社会组织、媒体、公众人物等，作为垃圾分类处理全链条上的利益相关者，都要参与垃圾的治理，由此形成垃圾分类人人参与、人人尽责的良好局面。只有一项工作让大家都参与其中，人们才会有获得感、幸福感、安全感，这是社会治理理念与时俱进在垃圾治理领域的生动体现。其次，垃圾处理现在面临着路径的转变。过去垃圾处理虽取得了很大的成就，但是那些成就是在不断提升末端设施能效，做到排放达标的。这样一种依赖末端设施处理效能提升的路径还是比较低效。垃圾处理本身是一个完整的链条，如果各种污染物在不同的处理环节、环境介质、存在形态之间循环往复地迁移与转化，污染减排变成了污染转移、延伸和扩散，环境质量其实很难得到根本的改变。

因此，必须要转变观念，把垃圾处理从前端的减量、分类投放，到分类收集、运输、处理、利用，这样一个完整的链条都管理起来，提升减排效能，就需要政府协调、部门协作、行业协同，全生命周期无缝衔接的管理。实际上就是形成从清洁生产、源头减量，到产品循环使用、物质再生利用、产业生态链接，再到能量回收利用和少量残渣安全处置的系统。这样一个系统显然比原来由点到点一条线式的管理多了垃圾暴露的风险，在这个过程中必须要全民参与，特别是社会组织参与其中，发挥重要的协调作用，让这些暴露的风险能够得到有效的控制，实现全链条的优化和全过程的掌控。路径重构的过程中，意味着传统的管理模式有触及不到的地方，这就必须要有全民的参与、社会组织的参与。

垃圾分类要以法治为基础，政府推动，全民参与，城乡统筹，因地制宜。在这几个原则当中，以法治为基础比较好做，现在推动垃圾分类的城市都制定了相应的条例，国家层面也把垃圾分类作为一项基本制度规定下来。政府推动有体制的优势，在推动垃圾分类当中实际有很多做法，但是其短板在于全民参与。由政府推动到全民参与之间存在一个鸿沟，并不是有政府推动的压力、责任就能够马上传递到居民中，并形成一个良好的氛围。这就需要社会组织广泛地参与，来发挥政府推动和全民参与之间的桥梁、纽带，包括润滑和催化的作用，换言之，在实现政府推动和全民参与的过程中，社会组织有得天独厚的优势。垃圾分类工作不能是政府做政府的，居民被动地观望，或者是应付地做一些事，抑或是依然做批评者、旁观者，社会组织可以很好地发挥作用，从而把政府和居民有机地连接在一起。

垃圾分类在分类投放、分类收集、分类运输、分类处理的不同环节中，其责任主体不同。分类投放的责任主体是垃圾的产生者，即居民和产生垃圾的单位。分类投放由政府推动到全民参与，社会组织在其中是大有可为的。垃圾收集、运输、处理是政府和受政府委托的企业应尽的责任，但是社会组织依然可以在其中发挥监督作用，评估考核也可以由社会组织来完成，而且这样做效率是比较高的，公信力也是比较强的。垃圾分类的体系其实是一个责任的体系，各环节之间有一个很明确的边界，就是从分类投放到收集、运输、处理的两个阶段的责任主体是不一样的，垃圾分类的条例其实是把各方在其中应该承担的责任都予以明晰了。此外，在北京等城市的垃圾分类条例中，虽都对社会组织参与垃圾分类有一些相应的鼓励条款，但是没有一些特别具体的措施。另外从垃圾分类来讲，更要注重源头减量，就如现在减塑限塑、减少食物浪费等，其实都是全社会的责任，社会组织在当中可以做很多的事情，特别是在垃圾源头减量、绿色生活的倡导等方面。总的来说，只有各尽其责，分工合作，才能够推动构建可持续的垃圾分类体系。

在推动垃圾分类的过程中，没有社会组织参与时，大多时候会陷入各种误区为分类而分类，比如完全依赖第三方的市场去做垃圾分类，最典型的是，政府出钱，居民旁观，企业分类，最后交差了事，实际上并没有真正地让居民养成一个良好的垃圾分类习惯。如果社会组织参与其中，就可以避免不计成本地去推行分类模式，避免垃圾分类不可持续。发达国家在这个方面有较好的经验值得借鉴，即发动社会组织广泛参与，从而避免陷入误区。

最后，社会组织还必须要促进个人自觉、社区自治。归根结底，垃圾分类其实是“分人”，而不是分垃圾，即要让人去养成一个良好的习惯，而不是把一堆垃圾分成几堆垃圾，这不是真正的目标，真正的目标是让人通过垃圾分类提高环保意识，从而达到公民教育、法治教育、环保教育的目的。社会组织在这方面有可以发力的空间，从而避免垃圾分类一次又一次地陷入误区当中。

第三章
开放系统视角下社会组织参与社区垃圾分类的路径

北京工业大学/邢宇宙

改革开放四十多年来，随着人口数量不断增长和经济社会快速发展，我国许多城市出现了“垃圾围城”的现象，由此引发局部环境污染和群体冲突等问题。随着物质不断丰富和消费社会的到来，普通人常常习惯于“即用即扔”的行为方式，对资源节约乃至垃圾议题存在认识不足或是意识与行为脱节的问题。在当前全社会共同推进环境治理体系和生态文明建设的过程中，尤其是2016年底中央开始提出“普遍推行垃圾分类制度”，推动城市垃圾减量化、资源化和无害化处理成为城市治理和精细化管理的重要目标之一。2017年国家发改委、住房和城乡建设部联合颁布了《生活垃圾分类制度实施方案》，提出要加快建立分类投放、分类收集、分类运输、分类处理的垃圾处理系统，形成以法治为基础、政府推动、全民参与、城乡统筹、因地制宜的垃圾分类制度，随后北京、上海等城市被列为生活垃圾强制分类试点城市，率先从制度层面进行顶层设计和立法推动，从实践层面持续探索部门协同和多元参与。与此同时，社会组织参与社区垃圾分类和可持续环境建设，正在城市内部、城乡之间和区域之间逐步由点及面地推进。这是自上而下政策推动、自下而上社会参与双向互动的产物，社会组织则在其中扮演重要的中介角色。

垃圾分类和可持续环境建设是环境治理和社会治理兼而有之的议题，因而也具有治理的难度和复杂性。从政府内部的层级和部门的协同难题，到社会群体意识和公众行为的改变困境，它既是关乎社会发展的“关键小事”，也构成了公共管理的“棘手问题”。在此意义上，社区垃圾分类和可持续环境建设迫切需要多方参与，且是“久久为功”的过程，因此由万科公益基金会和北京市协作者联合实施的“绿缘计划”，资助和赋能一线服务机构参与推动社区垃圾分类和可持续环境建设，形成了基金会、枢纽型社会组织、一线社会工作机构的协同行动和若干经验，营造了社会组织参与的良好氛围，在社区垃圾分类推动中发挥着示范和引领作用。

一、开放系统视角与社区垃圾分类

美国斯坦福大学管理学和社会学家 W. 理查德·斯科特、杰拉尔德·F. 戴维斯在《组织理论：理性、自然与开放系统的视角》中，强调系统中的个体参与者和参与者团队的复杂性以及它们之间的松散联系，即系统中的各个要素具有半自主的行为能力。同时开放系统视角对组织与环境之间的相互依赖关系给予充分的关注，强调组织和组织外部环境关系的互惠性。相比传统的结构分析，开放系统视角更重视过程，对于社区场域的垃圾分类工作具有启发性。

首先，我国的城市社区作为国家治理的基础性单元，其管理经历了从单位制到街居制的转变，伴随着单位制解体和住房制度改革，无论是城市社区的外在表征，还是内在构成都呈现出多样的形态。尽管如此，城市社区既是国家治理体系中的重要一环，也是人们生命历程中不可或缺的居所和家园，有着双重属性。因此良好且可持续的社区环境，既与每个个体对于美好生活的向往和追求息息相关，也是宏观层面社会公共性生产中的重要组成部分。

其次，回顾我国城市推行垃圾分类制度的历史，虽然较早就在制度层面有过设计，也有一些成功的典型案例，引起过社会广泛关注和各方参与，但是总体上实施效果并不理想。一些城市局部的试点，也因为行政或其他社会力量撤出后，居民参与的垃圾分类工作未能持续。因此在政策实施和居民参与过程中，难免在一些地方出现“运动式”的情形，未能建立起持续而有效的路径和机制。

因此，从开放系统视角来看，社区治理是部门协同、多元参与的场域，也是不断沟通协商和塑造共识的过程。在这之中，不仅要发挥党和政府的主导作用，使得各个利益相关主体所应承担的权责义务关系逐渐通过相关法律政策予以明确，并通过监督和管理予以推进落实。与此同时，在《生活垃圾分类制度实施方案》中也明确提出："引导社会力量参与垃圾分类治理，研究出台支持专业化企业和社会组织参与垃圾分类的措施，充分调动社会力量参与垃圾分类治理的积极性。"社区场域需要内生的居民自组织或外部社会组织，扮演中介角色，发挥催化作用，倡导落实政策，提升居民意识，推动行为改变，形成动员路径，构建引导机制，从而逐步实现系统性的变革。

二、"绿缘计划"的启示

2020 年 5 月 1 日新版《北京市生活垃圾管理条例》实施以来，为推动社会组织参与，政府相关部门通过政策引导、购买服务和社区试点等方式，倡导社会组织设立专项基金、参与购买服务项目，并在社会组织等级评估等管理工作中予以支持，引导各类社会组织广泛参与垃圾分类工作。在此背景下，从 2021 年开始，由北京市社会组织管理中心指导，北京市社会组织发展服务中心及其运营方北京市协作者发起，万科公益基金会出资，开展了两期"绿缘计划"，资助社会服务机构参与垃圾分类工作，旨在充分发挥社会组织的专业功能，深化首都垃圾分类工作，推动可持续社区环境建设。其中，基金会扮演价值引领和资源供给的角色；枢纽型组织发挥平台作用并提供专业支持，赋能社会服务机构的组织发展和能力提升；一线社会组织则主要通过深入社区，探索不同场景下推动垃圾分类工作的行动策略和方式。随着政府相关部门在政策指导和机制建设等方面的推动，基金会、枢纽型社会组织等协同行动，一线社会服务机构的积极参与，初步构建了支持社会组织参与社区垃圾分类的生态体系，也已经形成了若干相对成熟的社区动员和居民参与模式，体现了社会组织在构建社区可持续环境方面的优势。

一是在社会治理层面，垃圾分类是基层治理中的重要一环，社会组织是基层社会治理体系中的组成部分，社会组织的参与也是完善基层治理体系和提升治理能力的重要手段和方式。在自上而下的行政治理和自下而上的居民参与之中，社会组织扮演着联结和中介的角色，弥补行政治理体系的灵活性不足，贴近社区居民的真实意愿和需求，发挥专业力量来丰富社会参与的形式与手段，促进居民广泛参与社区垃圾分类，逐步在社区可持续环境建设中构建基层政府、市场与社会之间的协同共治。

二是在社会倡导层面，社会组织对于垃圾分类政策的完善和落地、社会共识的达成有着重要作用。尤其是通过持续资助，使得一线社会组织扎根社区开展垃圾分类工作，同时结合组织理念、发展目标和自身能力，探索既契合组织专长，又适合项目社区的行动策略，从宣传教育、公众倡导、社区参与等方面形成特色，成为品牌项目。

三是在社会参与层面，探索社会组织与物业企业、辖区商业等合作，撬动社会资源，构建多元主体参与的格局，并发挥不同主体的优势，营造良好社区环境，也进一步放大社会组织的力量。其中枢纽型社会组织作为交流、合作与行动的平台，联结和支持关注垃圾减量与分类的行动主体，通过对政策的解读、经验总结及宣传，整合各方力量，提升行动效果，推动社区垃圾分类工作融入环境治理和生态文明建设大局。

三、优化社会组织参与的路径

尽管如此，社会组织参与仍然有很大的提升空间。在政府垃圾分类政策制定和实施方面，迫切需要建立政府职能部门与基层居民、社会组织之间常态和有效的沟通联动机制。虽然目前垃圾分类政策推行的重点已经从基础设施建设逐步转为意识提升和行为改变，但是垃圾分类进入“强制时代”后仍然面临着监管困境。如由于执法成本过高，无论是企事业单位还是居民个人，某些处罚举措难以落实。反之也影响到以倡导与正向激励为主的社会组织参与。与此同时，社会组织在环境议题的赋能和资源的支持方面，仍然有待政府和社会共同努力。近年来由于制度和社会环境的变化，社会组织在人才和资源等方面存在不稳定性，因此也影响了项目实施过程中的人员配置、任务分工、组织协调、监测评估等环节，进而使社会组织的专业性还有提升空间。

因此，在垃圾分类体系社会参与机制的构建中，起点是扩大居民参与和进行社会动员，最终目标是居民环境认知和分类行为的改变。这两个层面的推动都具有很大的挑战性，也是垃圾源头治理体系中亟须破解的难题。在垃圾分类的动员和参与中，各方可以充分利用社会组织的“社会性”特征，在社区居民动员和社会倡导等层面发挥积极作用，进一步扩大社会组织参与的空间。

首先是增加推动社会组织参与社区垃圾分类的政策工具。目前政府对于社会组织参与垃圾分类的政策引导主要体现在宏观倡导层面，还需进一步健全和完善在资金、人员和能力建设等方面的支持政策。社区垃圾分类是基层社会治理和社区环境整治的组成部分，在行政、市场与社会机制等层面都需要给予政策、项目或资金方面的支持，形成政府和社会协同支持社会组织参与的常态机制。

其次是推进社区社会组织的发展和增强居民参与的内生动力。在社会组织参与社区垃圾分类的动员过程中，项目的落地和实施不仅需要积极主动对接社区党委和居委会，在动员、组织乃至场地等方面获得支持和配合，也应在执行层面发挥社区志愿者队伍和社区社会组织的作用，从而在社会组织动员与居民参与之间形成联动，更好地发挥其能动性和影响力。最终社区社会组织能够利用其在地的优势，对居民持续参与垃圾分类发挥重要的引导作用。

再次是枢纽型社会组织通过倡导营造全社会参与垃圾分类的环境氛围，搭建多方协商共同行动的平台。从资助性基金会、枢纽型社会组织到一线社会服务机构，构成社会组织参与的生态系统，不仅需要一线社会组织深耕社区，也要形成参与推动社区环保议题的政策共识、营造公众广泛参与的社会氛围。因此可以充分发挥各类平台性组织的优势，搭建政府、企业和居民多方沟通对话平台，建立合作和交流渠道，相互传递信息和资源，以及构建联动和协同机制。早在 2017 年至 2018 年，由北京“零废弃”“自然之友”等 10 家扎根在北京的民间环保组织及绿色生活倡导机构共同发起了“北京垃圾分类市民论坛”，期望通过定期会谈的方式，为社会各界创造分享垃圾分类工作进展、交流实践经验、促进相互合作的平台。“绿缘计划”也依托项目组织和开展不同层面的论坛、座谈和报告会等活动。这类“市民论坛”使得参与垃圾分类的不同组织间建立起了相互交流、扩大合作的渠道，加深彼此的理解、避免分歧和增进共识，同时建立起了政府、行业企业和民众之间的联络桥梁，共同发出相关政策的建议和倡导。

从居民角度来看，作为参与社区垃圾分类的重要主体，宣传教育和动员是推进居民准确实施垃圾分类的前提。但是如果没有宏观政策与社会环境，以及完备的垃圾分类、清运和处理体系，实际上无助于形成全民参与的社会氛围。因此社会工作机构可以发挥专业社会工作的优势，充分运用社会工作倡导的技巧与方法，开展更大范围的政策和社会倡导。但是值得注意的是，这类论坛、网络或联盟性质的平台性组织，本身也需要有力的组织动员和运营能力，才能在垃圾分类议题上促成更大的合力。

最后是社会组织自身的能力建设。社会组织参与的优势在于其社会性和专业性。一方面社会组织扎根社会，动员社会参与，与公众之间有着广泛的联系，能够有效洞察公众需求；另一方面，社会组织在议题领域、服务技巧方面有其专业性，通过品牌项目的精耕细作，才能形成很好的示范效应。但是资源和能力有限仍然一定程度上阻碍着社会组织功能的发挥。社会组织筹资渠道的多元化是部分解决组织目前资源和人才困境的重要路径之一，但更重要的是通过政府主管部门和社会组织协同，进一步加强关注垃圾分类议题社会组织的能力建设，既包括社会组织推动社区垃圾分类的技巧和方式，也包括推动与基层政府、基金会、企业等社会主体更广泛合作，获取更多资源和支持，协同推动社区垃圾分类行动的能力。

四、结语

在社会协同和多元共治的背景下，无论是政府部门的行政推动，还是社会力量的动员和参与，垃圾分类工作的推进都需要不同主体之间广泛而全面的互动，构建资源共享、协同行动和互信互赖的组织关系，共同营造和推动社区可持续环境建设的良好生态。当前我国经济社会发展面临着新形势，社会组织进入高质量发展的新阶段，中国特色社会组织管理体制逐步完善，社会组织发展面临的制度环境和资源条件仍有不确定性和制约因素，因此社会组织参与社区垃圾分类仍需持续探索，不断定位、总结和提升。

因此，社会组织在推动城市社区垃圾分类和可持续环境建设进程的同时，其自身仍然面临着诸多需要破局的地方。首先从微观层面来说，社会组织在逐渐达成组织的共识与底线性要求之时，也要逐步突破传统社会工作对于人与自然关系的定位和认知，不断扩展社会工作的环境维度，迈向绿色、环保与可持续的社会工作新范式。正如2020年国际社会工作者联盟（IFSW）等组织推出的《社会工作与社会发展全球议程》强调的，“致力于可持续环境”是重要的领域。其次从宏观层面来看，此次党和国家机构改革中设立中央社会工作部，多个政府部门和领域都在积极推进社会工作岗位设置和人才培养，具有本土特质的社会工作政策话语和服务实践渐入主流。“绿缘计划”实践作为样本探索和回应国家宏观层面的变化，有待进一步地总结经验和提炼模式。

后　记

“绿缘计划”一期行动与行动研究的成果，离不开各个项目相关方的参与和支持。感谢北京市社会组织管理中心和万科公益基金会对本项目提供的支持。感谢参与本项目基线调查的153家社会服务机构以及参与访谈的18家机构负责人以及7位政府工作人员，是你们的支持让本项目基线调查研究得以顺利开展。感谢21家在社区开展社区环保行动实践的社会服务机构和社区社会组织伙伴，同时，也感谢北京协作者所有工作人员在本项目研究中的投入和付出。

在“绿缘计划”一期的基础上，在北京市社会组织管理中心和万科公益基金会的支持下，北京协作者将结合“绿缘计划”二期项目的实施，继续开展社区可持续发展服务、研究等工作，对赋能体系、项目逻辑及执行经验进行进一步的总结梳理，夯实可复制推广的基础，以期更大范围、更为持续地为社会组织参与可持续社区环境建设提供支持，并在此行动的基础上，通过行动研究形成政策建议，为制定和完善促进社会组织参与可持续社区环境建设的政策，作出力所能及的贡献。

李真

2023年5月